K. M. P. C Karunarathne
H. A. Dharmagunawardhana

Levantamento eletromagnético para investigação de veios de grafite, Sri Lanka

K. M. P. C Karunarathne
H. A. Dharmagunawardhana

Levantamento eletromagnético para investigação de veios de grafite, Sri Lanka

ScienciaScripts

Imprint

Cover image: www.ingimage.com

This book is a translation from the original published under ISBN 978-620-2-02461-7.

Publisher:
Sciencia Scripts
is a trademark of
Dodo Books Indian Ocean Ltd. and OmniScriptum S.R.L publishing group

120 High Road, East Finchley, London, N2 9ED, United Kingdom
Str. Armeneasca 28/1, office 1, Chisinau MD-2012, Republic of Moldova, Europe
Printed at: see last page
ISBN: 978-620-7-70846-8

ESTUDO ELECTROMAGNÉTICO NA ÁREA EM REDOR DE MINA DE GRAFITE DE RANGALA PARA DETECÇÃO DE VEIOS DE GRAFITE NO SUBSOLO

K.M.P.C. KARUNARATHNE

DEDICAÇÃO

Aos meus queridos pais
Para
A sua dedicação sem fim para comigo...

ESTUDO ELECTROMAGNÉTICO NA ÁREA EM REDOR DA MINA DE GRAFITE DE RANGALA PARA DETECÇÃO DE VEIOS DE GRAFITE NO SUBSOLO

K.M.P.C. KARUNARATHNE

Faculdade de Ciências, Universidade de Peradeniya, Peradeniya, Sri Lanka

A extração de grafite no Sri Lanaka tem antecedentes históricos de mais de um século. Embora o país tenha uma grande história de mineração de grafite profunda e superficial, os métodos de exploração de minério ainda são mais convencionais em comparação com outros países do mundo.

Os filões de grafite no Sri Lanka têm orientações sistemáticas em relação às estruturas geológicas circundantes. O rastreio dos filões existentes e a exploração de novos filões são os principais desafios na exploração de filões de grafite. Uma vez que o terreno tem múltiplas deformações, é fundamental compreender a geologia local e a estrutura geológica.

A mina de grafite de Rangala é uma das minas de grafite abandonadas no final de 1980. A extração foi interrompida devido a dificuldades financeiras durante esse período. A atual direção da mina de Bogala pretende reiniciar a mina de Rangala e procura novos métodos de exploração. Foi efectuada uma exploração geofísica para mapear prováveis veios de grafite e estimar o potencial de grafite no terreno objeto do presente estudo.

Foi realizado um levantamento eletromagnético de frequência muito baixa (VLF) na área para detetar corpos condutores sub-superficiais, utilizando o instrumento portátil VLF EM 16 para a recolha de dados no terreno.

Foi utilizado um método simples de filtragem numérica com filtragem passa-baixo para identificar anomalias ao longo das linhas de prospeção que foram dispostas de acordo com um sistema de grelha pré-selecionado. As anomalias que apresentaram uma boa correlação com as linhas de prospeção adjacentes verificaram a extensão dos condutores subterrâneos. As anomalias que foram seleccionadas em cima de veios já identificados foram os pontos de partida para a relação entre a formação de veios de grafite e as anomalias VLF. As anomalias que foram correlacionadas com os dados de perfuração forneceram confirmações da interpretação.

Foram identificados catorze veios de grafite mais prováveis durante o estudo. A orientação dos veios é NW SE com um mergulho accntuado. O comprimento dos veios varia entre 150m-20m localizados a uma profundidade média entre 10m-20m do nível do solo. Dependendo das anomalias existentes, o potencial de grafite da mina é muito maior do que já foi extraído. Sugere-se a realização de perfurações, perfis de resistividade e mapeamento geológico detalhado para verificações adicionais. A utilização bem sucedida de métodos de exploração geofísica abrirá uma nova janela para a futura indústria mineira de grafite no Sri Lanaka.

AGRADECIMENTOS

Expresso a minha gratidão ao meu supervisor, Dr. H.D. Dharmagunawardhane, professor catedrático do Departamento de Geologia da Universidade de Peradeniya, pela sua orientação constante, pelos seus valiosos conselhos e pelo apoio entusiástico que me deu ao longo deste trabalho, sem se preocupar com o seu tempo exigente.

Os meus sinceros agradecimentos ao Dr. Jagath Gunatilake, Diretor do Departamento de Geologia da Universidade de Peradeniya, pela amável cooperação que me prestou durante todo o projeto de investigação.

Os meus sinceros agradecimentos ao pessoal da Bogala graphite Lanka Limited pela sua corporação, apoio logístico e fornecimento do instrumento VLF para o inquérito.

Uma palavra especial de apreço vai para a equipa de exploração mineira e para a equipa de prospeção da mina de grafite de Rangala pelo seu valioso apoio.

Expresso os meus sinceros agradecimentos aos membros do pessoal académico e do pessoal não académico de apoio do Departamento de Geologia que me ajudaram de muitas formas.

Os meus agradecimentos especiais vão para os meus colegas A.G.R.P. Weerasinha e H.S. Lasantha que me ajudaram durante o trabalho de campo.

Gostaria também de agradecer às publicações Lambert Academic e ao Sr. Andrei pela ajuda que me deram para realizar este trabalho com sucesso.

Por último, mas não menos importante, estou profundamente grato aos meus queridos colegas de grupo pela cooperação que me deram em muitos aspectos e agradeço a todos aqueles que me ajudaram a concluir este trabalho.

ÍNDICE

INTRODUÇÃO

1.1 LEVANTAMENTOS ELECTROMAGNÉTICOS E MINÉRIOS CONDUTORES

Os levantamentos electromagnéticos têm uma vasta gama de variações e aplicações tecnológicas. Nas investigações do subsolo, os levantamentos electromagnéticos são muito importantes como ferramenta geofísica de deteção remota.

Os métodos electromagnéticos são conhecidos como métodos de levantamento operados à distância, em que não é necessário o contacto direto com o solo. Por conseguinte, o levantamento pode ser mais fácil do que outros métodos em terrenos com dificuldades de acesso. Além disso, é possível alargar as linhas de levantamento o tempo que for necessário. Na maioria dos casos, estes métodos são mais fáceis e rápidos do que outros métodos de exploração geofísica. O método de levantamento eletromagnético de frequência muito baixa (VLF) é um dos métodos de levantamento amplamente utilizados em diferentes aplicações geológicas.

As ondas electromagnéticas de frequência muito baixa têm maior capacidade de penetração com profundidades até 500m. A exploração de depósitos de sulfuretos maciços, veios de carvão, depósitos de metais de base e depósitos de grafite tem sido feita utilizando o método de levantamento EM VLF. Devido ao baixo custo do levantamento e à necessidade mínima de mão de obra, os levantamentos VLF EM tornaram-se mais populares. Os instrumentos são leves e significativamente portáteis. Isso reduz o custo de operação pessoal. As leituras podem ser feitas mais rapidamente ao longo das linhas de levantamento.

A grafite é um material altamente condutor que possui electrões livres à volta dos átomos de carbono. Como resultado, a indução do campo eletromagnético secundário torna-se mais forte e deve dar uma boa resposta no campo EM. No caso do Sri Lanka, as formações de veios de grafite, que também são muito condutoras, podem ser modeladas utilizando anomalias com a ajuda de um instrumento VLF. Atualmente, a perfuração com núcleo de diamante é o método mais aplicável para a exploração de grafite. A eficácia da exploração de grafite pode ser aumentada através da utilização do método de levantamento EM. Os desafios do levantamento estão relacionados com as condições do terreno, como a sobrecarga, as extensões dos veios, outras camadas condutoras e o efeito de corpos condutores artificiais no local ou perto dele.

O Sri Lanka, sendo um país tropical, recebe frequentemente precipitações elevadas que provocam a redução da resistividade do solo. A morfologia da superfície afecta as leituras à medida que o ângulo de inclinação muda. Em baixas frequências, as anomalias de sinal representam descontinuidades estruturais de rochas condutoras. Isto afecta as anomalias de sinal produzidas pelos corpos de minério alvo. A especificação da situação atual é a existência de múltiplos padrões de fratura com condições de preenchimento de grafite e de água. Por outro lado, o terreno tem deformações elevadas que consistem em características frágeis e dúcteis. Assim, a resposta do sinal eletromagnético varia em comparação com a de um terreno plano.

1.2 OCORRÊNCIA DE GRAFITE NO SRI LANKA

O Sri Lanka é composto por três complexos rochosos diferentes denominados complexo Highland, complexo Vijayan e complexo Wanni (Figura 1.1). Estas três unidades foram identificadas como diferentes blocos crustais com base em interpretações litológicas, morfológicas, estruturais e geocronológicas. A ocorrência de grafite no Sri Lanka como depósito de minério restringe-se ao complexo central de terras altas. O terreno é altamente metamorfoseado e tem eventos de deformação mais complexos, evidenciados por características estruturais (Berger e jayasingha, 1976). A grafite do tipo Sri Lanka tem um teor de carbono de 95% e os restantes minerais de ganga. Os depósitos de grafite formaram-se ao longo de estruturas de deformação frágeis, tais como juntas e fracturas. A mineralização de grafite é encontrada em Anticlinais associados a regiões axiais distantes e próximas na região sul e central do complexo serrano (Silva, 1974). Estas estruturas têm-se estendido a profundidades significativas e atravessam o plano de foliação das rochas circundantes. Uma vez que estes depósitos são formados em estruturas planares, a identificação dos corpos torna-se uma tarefa difícil utilizando métodos de perfuração. As linhas gerais de ataque dos filões preenchidos com grafite variam de acordo com a fragilidade local.

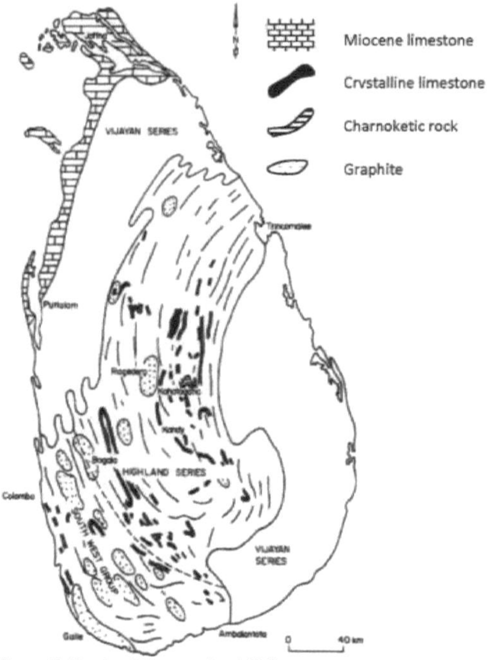

Figura 1.1 Ocorrências de grafite no Sri Lanka (Dissanayaka, 1981)

condições de deformação. A espessura dos filões varia entre vários centímetros e um metro. A exploração de grafite no Sri Lanka tem uma história de mais de cem anos. No século XVIII, as explorações foram efectuadas ao longo de veios cheios de grafite sem utilizar qualquer método de investigação. A perfuração com núcleo de diamante foi introduzida mais tarde e tornou-se uma técnica de investigação importante até tempos muito recentes. A investigação da mineralização de grafite é uma tarefa difícil devido às formações planas. Os veios de grafite podem ser orientados verticalmente ou horizontalmente (Figura 1.2).

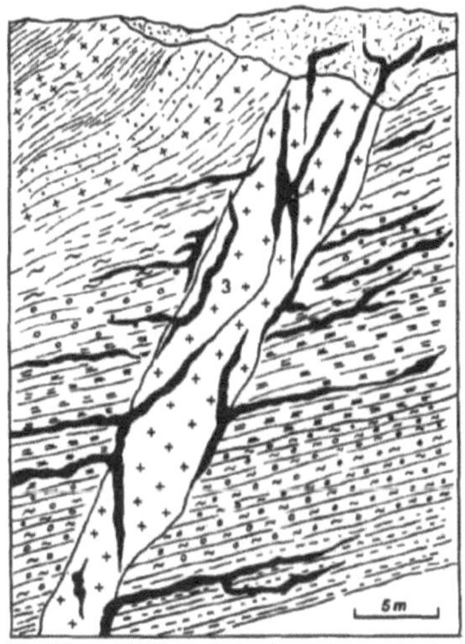

Figura 1.2 Estrutura dos veios de grafite (Katz, 1987). 1. Cobertura intemperizada, 2. Rocha hospedeira, 3. intrusões magmáticas (na maioria dos casos pegmatito), 4. veios de grafite

A origem das formações de veios de grafite foi interpretada por vários investigadores e foram apresentadas várias interpretações diferentes. Alguns sugerem intrusões de fluidos ricos em carbono derivados do manto ao longo de zonas axiais anticlinais no Complexo Highland (Silva, 1974). Por outro lado, a ideia da formação de veios de grafite pela segregação do conteúdo de grafite da rocha gnáissica circundante nas condições de pico do metamorfismo é especulada como movimento de carbono em fase sólida (Erdosh, 1970). Também se discutiu a origem biogénica da grafite de veio no complexo de terras altas com base na assinatura isotópica (Dissanayka, 1981; Dobner *et al.*, 1978). Em condições de terreno cristalino de alto grau, as transformações de fluidos ricos em CO_2 ao longo de estruturas frágeis são propostas como o processo mais possível de formação de veios de grafite (Kartz, 1987).

O depósito de grafite de Rangala foi descoberto pelo departamento de inspeção geológica e está situado em Siyabalawela, na vizinhança da mina de grafite de Bogala. Esta área é constituída por rochas de alto grau pré-cambrianas metamorfoseadas regionalmente e por rochas intrusivas. As rochas metamorfoseadas são perturbadas por veios de quartzo, granito e intrusões de pirite. A área de Rangala tem os mesmos veios de grafite que se cruzam entre si. Os veios apresentam-se como pequenas folhas individuais paralelas. Geralmente, os veios ramificados propagam-se a partir do veio principal de grafite em ângulos oblíquos ou quase perpendiculares (Kehelpannala, 1995). Por conseguinte, a exploração de veios de grafite subdivididos de forma irregular torna-se uma tarefa difícil através de métodos de perfuração sem a utilização de métodos geofísicos alternativos.

1.3 OBJECTIVOS DO ESTUDO

O estudo baseia-se na aplicação de um levantamento eletromagnético de baixa frequência (VLF) na área da mina de grafite de Rangala. A mina de grafite de Rangala está abandonada desde o final do século XIX e espera-se que seja reiniciada sob uma nova direção. Os objectivos deste estudo são,

1) Realizar um levantamento eletromagnético na área da mina de Rangala utilizando o recetor VLF-EM 16.

2) Demarcação da orientação de possíveis veios de grafite ou zonas condutoras em projeção bidimensional e interpretações para a orientação 3D, tais como profundidade e ângulos de mergulho.

3) Comparação dos resultados do levantamento com os veios detectados, dados de sondagens e dados geológicos estruturais.

4) Dar recomendações para investigações futuras.

5) Avaliação da eficiência do método de levantamento eletromagnético como ferramenta para a exploração de grafite em áreas semelhantes.

REVISÃO DE LITERATURA SOBRE INQUÉRITOS DE OPINIÃO

Os estudos sobre levantamentos electromagnéticos (EM) foram realizados por muitos trabalhadores utilizando modelos teóricos e formações geológicas reais. O método de levantamento foi bem desenvolvido no final do século XIX. Os primeiros estudos baseavam-se na identificação de zonas condutoras, como fracturas, falhas e formações de minério. O método eletromagnético de radiofrequência, utilizando um transmissor transportável no solo, foi utilizado no início do método. Devido à elevada frequência de operação, o método apresentava deficiências na capacidade de penetração e na discriminação de diferentes corpos condutores.

Os países europeus utilizaram o método de radiofrequência no subsolo para a cartografia de camadas de carvão e a exploração na proximidade de corpos de minério de metais de base. A técnica da sombra de rádio foi utilizada com êxito pelos russos em furos de perfuração. Para além destas actividades, o método das radiofrequências não foi utilizado para a exploração de rotina ou aérea até que a Geonics limited introduziu um instrumento passivo que funciona na gama de frequências muito baixas (VLF) (15-25 kHz) em 1964. O sinal EM primário é fornecido por potentes emissores de rádio militares instalados em todo o mundo. Em 1965, foram efectuados estudos positivos com este instrumento. No final de 1966, o método era amplamente utilizado. No final de 1967, foram introduzidos vários instrumentos diferentes com a mesma tecnologia, com desenvolvimentos. No final de 1969, os instrumentos aéreos ou terrestres eram fabricados por mais de cinco empresas norte-americanas.

A eficácia dos instrumentos VLF na cartografia de estruturas geológicas pouco profundas foi estudada por W.M Telford (Telford *et al.,* 1977). Os resultados foram obtidos numa porção da falha de Gloucester a sudeste de Otava. Telford indicou que a técnica é particularmente adequada em áreas onde a geologia é simples. Os resultados de campo foram obtidos com sucesso correlacionados com os dados do modelo teórico pela investigação. Também constatou que o EM 16 por si só produz pouca informação quantitativa sobre a posição relativa dos leitos de alta e baixa resistividade.

A extensão lateral das anomalias de VLF foi estudada por D.C Fraser (1969). A gama dinâmica das anomalias VLF varia com as condições locais. O método de conversão de anomalias de cruzamento zero para os picos foi demonstrado pela experiência. A eficácia do método de filtragem numérica simples foi discutida. E também o contorno das anomalias VLF em relação à força dos picos de anomalia foi visualizado por experiências. O problema da gama dinâmica que aparece durante as parcelas de dados foi ultrapassado com a utilização do método. Há um grande número de técnicas de filtragem computorizadas utilizadas para a interpretação de dados VLF, para além do método de Fraser.

O método VLF é amplamente utilizado em estudos ambientais (Al-Tarazi *et al.*, 2008), arqueológicos (Abbas *et al.*, 2012) e geotécnicos (Sharma *et al.*, 2010), para estimar depósitos de minério (Bayrak e §enel, 2012), para identificar falhas (Gürer *et al.*, 2009) e rios subterrâneos (Bahri *et al.*, 2008).

A origem dos veios de grafite no terreno de alto grau do Sri Lanka foi discutida por muitos trabalhadores. Erdosh (1970) sugeriu que a formação de veios de grafite era o resultado da secreção lateral de grafite disseminada na rocha do país em fracturas. Hapuarachchi (1977) sugeriu que a grafite de veio teve origem no CO_2 derivado de reacções de descarbonatação num ambiente calcário. Wijayananda e Jayawardena (1983) sugeriram que os veios são do tipo fissura hidrotermal e intrudidos em sistemas de juntas tardias dentro de estruturas frágeis tardias. Silva (1974) afirmou que eles são controlados tecnicamente e restritos a estruturas de dobras. Katz (1987) sugeriu que a pressão do fluido das soluções ricas em CO_2 envolvidas na formação do granulito fracturou hidraulicamente os metassedimentos e formou veios de quartzo pegmatito e grafite.

A formação de grafite na veia de Rangala e as suas relações estruturais são discutidas por D.M.S.K. Dinalankara e C.B. Dissanayake (1988). A formação de grafite ao longo do eixo da parte norte de uma estrutura em cúpula foi identificada por eles. As zonas ricas em grafite estão localizadas na parte norte do plano axial da cúpula. As orientações dos filões foram registadas como estruturas paralelas estreitamente espaçadas que têm direcções de ataque NWW-SEE com mergulho acentuado. A formação de veios de grafite estruturalmente controlada foi discutida por Dinalankara (1990). As principais estruturas relacionadas com a formação de grafite e as suas orientações são discutidas em pormenor a partir da investigação.

Os métodos electromagnéticos têm sido utilizados na investigação de minérios em todo o mundo, mas a investigação de corpos de grafite não tem sido discutida. Especialmente a formação de grafite do tipo veio em terrenos acidentados.

ÁREA DE ESTUDO E CONDIÇÕES DO TERRENO

3.1 GEOGRAFIA

A área de estudo está situada no distrito de Kegalle, a 10 km a sudeste da mina de grafite de Bogala. A localização geográfica da mina de Rangala situa-se a norte 7 06' e a leste 80 20'. A principal cidade perto da mina de Rangala é Bulathkohupitiya, situada a 27 km a leste da cidade de Kegalle.

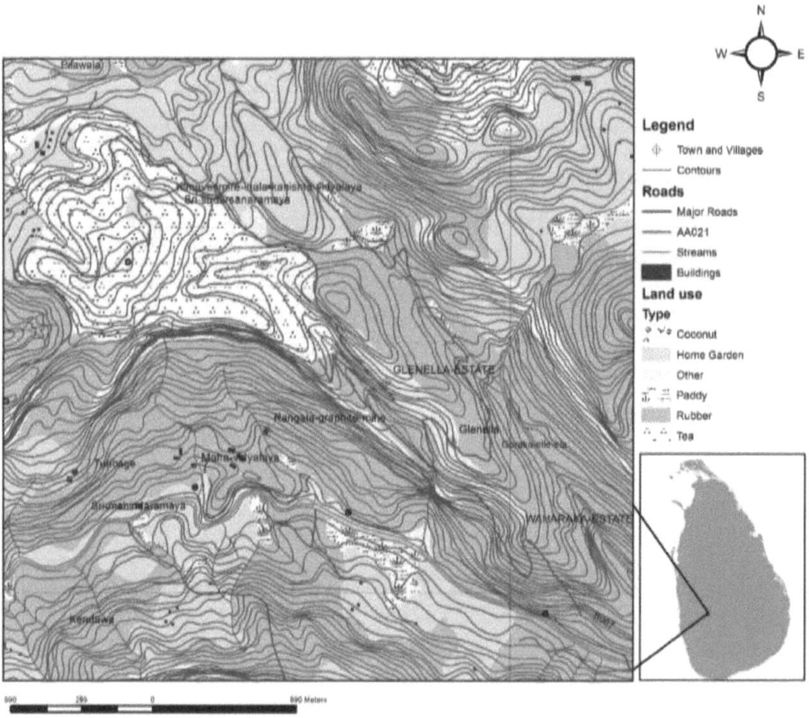

Figura 3.1 Mapa de índice mostrando a localização da mina de Rangala

O acesso à zona faz-se pela estrada Kegalle-Bulathkohupitiya (A6) e pela estrada Bulathkohupitiya-Dedugala. A distância entre Bulathkohupitiya e a mina é de 5 km (Figura 3.1).

3.2 HISTÓRIA DA MINA

th A história da extração de grafite em Rangala, Udapotha e Siyabalawa remonta ao início do século XIX. A fase inicial da extração foi efectuada a céu aberto pelos aldeões locais. Os compradores regionais recolhiam grafite dos proprietários de minas a céu aberto. Durante este período, a extração superficial dominou devido à escassez de investimentos nas minas profundas. A partir de 19501970, a mina de Rangala era propriedade do Sr. Pieris, que organizou um método de extração sistemático com a colaboração do Departamento de Inspeção Geológica do Sri Lanka. Durante este período, foram escavados três poços na direção norte-sul. A partir destas construções, foram posteriormente escavados vários veios de grafite orientados no sentido Este-Oeste. Ao abrigo da lei sobre a mineralização da grafite (1971), a mina foi retirada pela State Graphite Corporation (SGC) e reaberta em 1973. Durante este período, foram escavados cinco veios ao longo da entrada inferior orientada norte-sul (Pieris Adit). A extração foi feita em extensão horizontal em relação ao túnel principal. A extensão dos filões não foi encontrada a longa distância (Figura 3.2). A tabela seguinte resume a extensão das aberturas.

Anúncio/Nível	Comprimento
Nível mais baixo Adit (Pieris Adit)	380 m
Nível médio Adit	200 m
Nível superior Adit	170 m
4º nível (belo	20 m

Quadro 3.1 Pormenores dos anúncios

Durante esse período, foram desenvolvidos guinchos para ligar os níveis principais. Na fase inicial, os vales foram iniciados com os veios e, após 10-15m de profundidade, verificou-se que os veios estavam a ser comprimidos. No entanto, os guinchos foram continuados para atingir o nível inferior. Há três veios principais escavados durante o período. A tonelagem aproximada do depósito foi de 650700mt. A produção mensal de grafite foi de 20-25mt durante esse período.

A exploração de grafite na mina de Rangala foi interrompida em 1984 devido a dificuldades financeiras. A mina esteve abandonada durante mais de 25 anos sem qualquer atividade. A mina foi reiniciada pela GK graphite Privet limited em 2008. Atualmente, o processo de reabilitação recuperou a aditora de Pieris e a aditora do meio com melhores condições de acessibilidade. O traçado da mina é apresentado na figura 3.2.1.

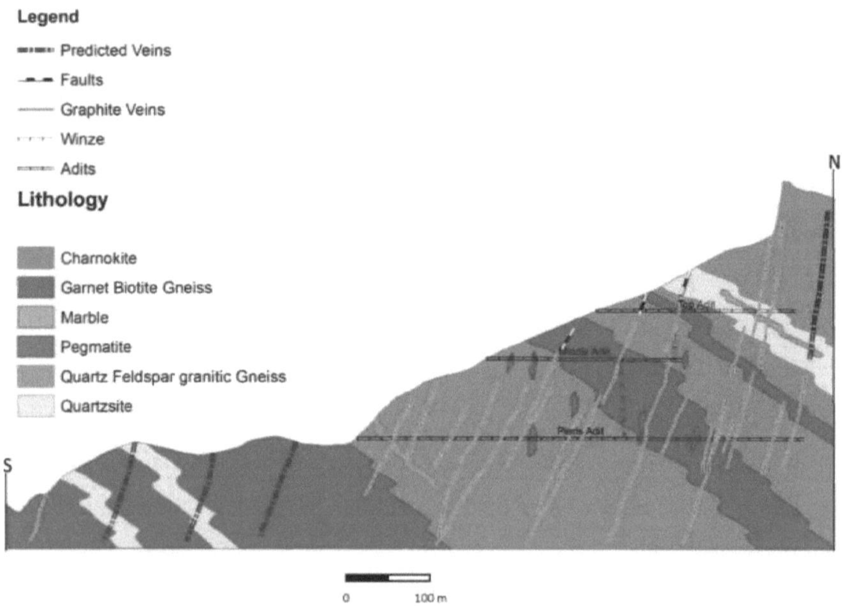

Figura 3.2 Secção transversal Norte-Sul da zona de Rangala

3.3 GEOLOGIA E ESTRUTURAS

A zona de Rangala-Bulathkohupitiya situa-se na região central do país. De acordo com as subdivisões geológicas, a área insere-se no complexo Highland (HC). A área da mina de Rangala contém rochas meta-sedimentares de alto grau e rochas meta-índicas menores. As principais rochas metassedimentares são o quartzito, o mármore e o gnaisse granítico com biotite e sillimanite ± cordierite. O quartzo de veios, o gnaisse charnoquítico intermédio e as intrusões de pegmatitos são as principais rochas meta-igníficas da zona (Figura 3.2.2). De acordo com o mapa geológico da área, existe um antiforme de mergulho NW. O eixo da antiforma foi redobrado em resultado de uma deformação posterior. A antiforma de Rangala é a parte superior de uma cúpula maior. A cruz mineralizada de grafite corta o eixo da dobra. A crista da dobra apresenta intensa meteorização. Os fragmentos de rocha estão disseminados ao longo da região.

Existem três tipos principais de estruturas frágeis presentes ao longo do eixo da dobra mineralizada de grafite,

- Fracturas preenchidas com grafite
- Fracturas nas rochas (juntas)
- Estruturas de falha

A mineralização de grafite na área de Rangala está associada a uma estrutura antiforme que tem uma orientação axial na direção N20W na parte norte do terreno da mina (Figura 3.3). O eixo anticlinal mergulha para norte. O mergulho do eixo da dobra situa-se entre 20°-25°. Os principais veios de mineralização de grafite estão orientados quase nas direcções N55W e N50E (Dinalankara, 1988). Os contactos litológicos na área variam devido a numerosas estruturas de falhas presentes perpendicularmente ao plano axial do eixo da dobra. Os ângulos de mergulho dos membros da dobra são NE e NW com um ângulo médio de 30°.

Os veios de grafite apresentam uma orientação definida nas estruturas subterrâneas. De acordo com os diagramas de Ross, a estrutura dos filões tem uma orientação N45W-N55W e N45E-N50E (Dinalankara, 1988). O mergulho dos veios de grafite é em direção ao sul na maioria dos casos e têm um mergulho acentuado entre 70°-85°. As fracturas preenchidas com grafite têm superfícies irregulares associadas a algum revestimento de enxofre, quartzo de veio, grafite de calcite e pegmatite. Os tamanhos dos filões variam de vários centímetros a um máximo de um metro. A maioria dos veios apresenta tamanhos médios de 20-40 cm de espessura de fratura.

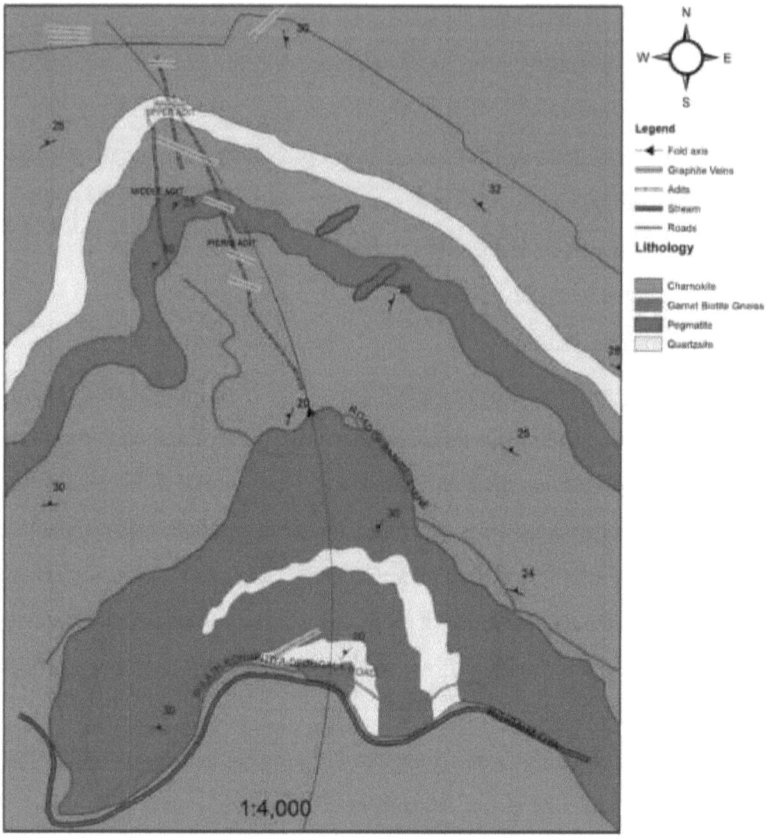

Figura 3.3 Mapa da geologia da zona de Rangala (Dinalankara, 1988)

METODOLOGIA

4.1 TEORIAS FÍSICAS PARA A PESQUISA EM

4.1.1 Visão geral

O método de levantamento eletromagnético (EM) baseia-se no magnetismo gerado nos corpos condutores. Este método é utilizado para a exploração de minério e zonas fracturadas cheias de água. O método de pesquisa foi desenvolvido no final do século XIX. O eletromagnetismo, que é produzido pelo corpo condutor subsuperficial, é o principal parâmetro de medição durante os levantamentos. O campo EM num corpo condutor pode ter duas origens, induzido ou autoproduzido. A indução do campo EM é efectuada utilizando uma bobina de transmissão de um campo distante ou próximo de um campo. A profundidade da investigação depende da condutividade eléctrica do solo e da frequência da fonte primária. Existem várias subdivisões de levantamentos EM. O campo EM induzido é utilizado no método EM ativo, enquanto o campo EM auto-produzido é utilizado no método passivo. Por outro lado, os levantamentos também podem ser classificados como levantamento EM no domínio da frequência (FEM) e levantamento EM no domínio do tempo (TEM). As operações TEM são efectuadas em função do tempo, enquanto as FEM são efectuadas em função da frequência. O recetor e o transmissor são os principais instrumentos electrónicos utilizados no trabalho de campo. No caso dos métodos passivos, o transmissor não é utilizado para gerar o campo primário. Este estudo de caso baseia-se no método ativo de levantamento EM no domínio da frequência, designado por levantamento EM VLF (Very Low Frequency).

As ondas electromagnéticas propagam-se acima e abaixo da superfície depois de serem produzidas por um transmissor. O fluxo de corrente na bobina produz um campo eletromagnético, que é utilizado como fonte primária para a indução electromagnética em corpos condutores. O campo magnético é gerado de acordo com a lei de Ampere. O núcleo magnético concentrado é a configuração da bobina do solenoide. O vetor do campo primário muda de acordo com a configuração da bobina. As bobinas do transmissor e do recetor são orientadas no espaço 3D como Co-planer Horizontal (HCP), Co-planer Vertical (VCP), Co-axial Vertical (VCA) e métodos mistos.

Os campos electromagnéticos primários não sofrem mudanças de fase quando a subsuperfície é constituída por materiais homogéneos. Na presença de um corpo condutor na subsuperfície, a componente magnética do campo eletromagnético que penetra no solo induz correntes de Foucault alternadas. Esta indução de corrente produz um campo eletromagnético secundário em torno do corpo condutor. A diferença entre o campo eletromagnético de transmissão e o campo eletromagnético total é medida utilizando um recetor. A análise detalhada das medições fornece indicações sobre o tamanho, a forma e a condutividade eléctrica dos corpos condutores subterrâneos.

O recetor do método mais simples é utilizado como bobina de cobre com várias centenas de voltas enroladas num plano. A orientação do eixo da bobina determina a direção do campo primário. A bobina do recetor está ligada ao amplificador que amplifica o sinal detectado e gera uma indicação, geralmente como saída de áudio. O ruído do sinal sonoro produzido pelo recetor torna-se mais elevado quando a orientação da bobina de sinal é direccionada para o sinal primário. Utilizando a orientação da bobina, é possível determinar a direção do campo primário e o campo total. O campo EM primário (Hp) situa-se no plano horizontal, enquanto o campo EM secundário (Hs) se situa no plano vertical no espaço tridimensional (Figura 4.1).

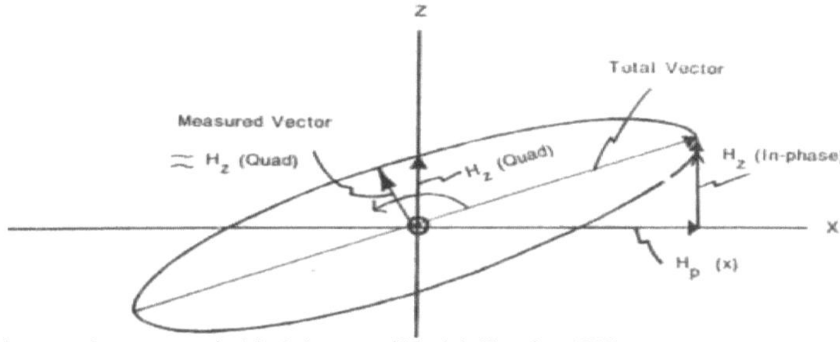

Figura 4.1 Orientação dos campos primário (Hp) e secundário (Hs) (Geonics, 1983)

Por conseguinte, existe apenas uma orientação da bobina de sinal no espaço 3D que pode produzir o menor ruído sonoro. Quando os campos primário e secundário são produzidos, o vetor do campo total é descrito através de uma elipse no plano vertical. Como resultado, o campo total é polarizado eletricamente no plano vertical. Na presença de corpos altamente condutores, a direção do eixo principal da elipse é praticamente a mesma, devido à igualdade do campo primário e secundário.

O ângulo entre o campo total (Hs) e o campo horizontal (Hp) é medido pelo ângulo de inclinação dos instrumentos. À medida que o levantamento prossegue, a variação do ângulo de inclinação é analisada ao longo da linha de levantamento.

4.1.2 Método EM VLF

O método é o domínio da frequência que utiliza um campo eletromagnético (EM) ativo. Os levantamentos electromagnéticos de muito baixa frequência (VLF) são efectuados com receptores de mão ou receptores aéreos. A transmissão do sinal primário é efectuada por fontes de campo distante, como os sistemas de antenas de comunicação submarinos. De acordo com as localizações geográficas, as estações de transmissão são seleccionadas para o levantamento alterado. A linha de levantamento é concebida em função da orientação das estações de transmissão. As estações geram um sinal de baixa frequência que se pode propagar a vários milhares de quilómetros de distância, produzindo um campo eletromagnético horizontal circular. Após a penetração deste campo, é gerado um campo secundário por indução, em corpos condutores. O recetor é sensível à banda de frequência do transmissor que foi ajustado. O recetor mede então as componentes verticais do campo magnético que irradia do corpo condutor.

O recetor VLF EM 16 é composto por duas entradas com duas bobinas de receção. As duas bobinas estão fixadas em ângulo reto uma em relação à outra na vertical e na horizontal, sendo designadas por bobina de sinal e bobina de referência, respetivamente. O instrumento dispõe de dois tipos de leitura: ângulo de inclinação e quadratura. As anomalias são dadas pela percentagem de valores tan do ângulo de inclinação que podem ser diretamente representados como percentagem de mudança de fase em função da distância ao longo da linha de estudo. A indicação geral para a presença de corpos condutores sub-superficiais é a mudança positiva para negativa do ângulo de inclinação ao longo da linha de levantamento. De acordo com a distância do pico positivo-negativo e a simetria do gráfico, são derivadas informações qualitativas e quantitativas. Em seguida, as anomalias são correlacionadas com os dados disponíveis e a interpretação é efectuada.

4.2 INSTRUMENTAÇÃO

4.2.1 Recetor VLF-EM 16

O EM 16 é fabricado pela Geonics Limited de Mississauga, Ontário. A frequência de funcionamento do dispositivo varia entre 15 e 25 KHz. É um detetor de ondas electromagnéticas de baixa frequência e mede a componente vertical do campo eletromagnético. O instrumento é constituído por duas bobinas, a bobina de referência e a bobina de sinal. O eixo da bobina de referência está orientado no plano horizontal, enquanto a bobina de sinal está no plano vertical. As leituras são efectuadas através da inclinação da bobina de sinal vertical e do mostrador mecânico para equilibrar o restante (figura 4.2 e figura 4.3). Ambas as leituras são dadas em percentagem, ou seja, percentagem de tan θ e percentagem de quadratura (e). Os valores medidos não dependem dos valores absolutos do sinal, uma vez que as leituras foram efectuadas como a razão entre o campo eletromagnético primário e secundário. O instrumento é fácil de manusear e mais leve do que outros receptores

4.2.2 Mapas de base-Imagens e software

A área foi estudada utilizando o mapa topográfico 1:50000, o mapa geológico 1.100000 (folha de Kegalle), fotografias aéreas 10.000, imagens Google e diferentes mapas temáticos. O software AutoCAD (AutoCAD 2011) foi utilizado para a preparação da grelha e dos mapas de levantamento. ArcGIS (ArcGIS Version-10.0) utilizado para digitalizar mapas e análise espacial dos dados. O tratamento dos dados e a elaboração de gráficos foram efectuados com recurso ao Microsoft Word e Excel (MS Office-2014).

4.3 PROCEDIMENTO DE INQUÉRITO

4.3.1 Inquérito de reconhecimento

Foram efectuadas observações preliminares sobre as características geológicas, geomorfológicas e sub-superficiais da área da mina de grafite de Rangala. A área dentro da margem terrestre consiste em 30000m^2 e o mapa de levantamento inicial foi preparado pela equipa de levantamento da mina. Além disso, foi efectuado um estudo preliminar utilizando fotografias aéreas 1:10000, mapas topográficos 1:50000 e imagens do Google. Na primeira fase do estudo, procedeu-se à recolha dos dados disponíveis. Durante a análise dos recursos, foram utilizadas informações cartográficas digitalizadas, dados de furos de sondagem, registos de estudos de veios de grafite actuais. Além disso, foram também identificados corpos condutores artificiais, tais como linhas eléctricas, que causam anomalias electromagnéticas. Os mapas de contorno digitalizados, a preparação da grelha de levantamento foi feita utilizando o software GIS (Geo Information System) e o software AutoCAD.

Como passo seguinte do levantamento, foi feito o desenho da grelha. A orientação das linhas de levantamento tem de ser quase perpendicular à direção do sinal primário (Geonics, 1983). Portanto, a orientação N42°E das linhas de pesquisa foi concebida porque a estação selecionada foi N.W Cape, Austrália. O intervalo entre as linhas de levantamento foi de 30m e a distância entre duas estações de medição foi concebida como 10m. O levantamento das linhas da grelha foi feito utilizando um teodolito eletrónico. As estacas foram fixadas numa estação em cada intervalo de 30m ao longo das linhas de levantamento. Foram estabelecidas noventa estacas ao longo das linhas de levantamento. O comprimento total das linhas de levantamento foi de cerca de 2,15Km. O levantamento foi feito na direção N42°E e, durante o levantamento, foi utilizado o método de levantamento por degraus, uma vez que a área estava centrada num vale.

4.3.2 Inquérito EM

As leituras do EM 16 foram efectuadas de acordo com o nível sonoro mínimo. Se existir um corpo condutor no subsolo, a orientação da bobina é única no espaço 3D. As leituras foram efectuadas como duas medições de som mínimo que foram utilizadas para detetar a direção do campo primário e a deteção do campo secundário. A bobina de referência do recetor foi alinhada no plano horizontal. Em seguida, o punho foi rodado para o lado até se atingir o som mínimo. A direção para o som mínimo é a direção da estação. Em seguida, foram rodados 90° da direção do transmissor para a direção de avanço da linha de pesquisa. Nessa direção, o som máximo é emitido devido à rotação de 90° da orientação mínima do som. Em seguida, o instrumento é rodado no mesmo plano vertical, a fim de obter o som mínimo com o ângulo de inclinação. O ângulo que dá o som mínimo foi registado usando o inclinómetro fixado no lado esquerdo do recetor (Figura 4.4). Esta leitura dá a variação de fase como percentagem do valor tan. O inclinómetro tem duas escalas. A escala da direita fornece a percentagem do valor tan de Hs /Hp. O ângulo de imersão é calculado dividindo esta leitura por 100 e obtendo o valor da tan inversa.

4.3.3 Registo e processamento de dados

Os dados em bruto consistem no número da linha de levantamento, número da estação, leitura do inclinómetro e leitura da quadratura. As leituras e os detalhes da localização foram registados em folhas de dados de campo (ver anexo). Em seguida, a leitura de campo foi registada nas folhas de trabalho do Microsoft Excel. Os gráficos da percentagem de tan θ e dos valores de quadratura foram traçados em função do número da estação. Em seguida, os gráficos foram novamente organizados de acordo com a mesma escala. Foi utilizada uma técnica simples de filtragem numérica para transformar os cruzamentos zero em picos (Figura 4.5). A filtragem dos dados foi efectuada pela soma dos pares de entradas. Em seguida, obtêm-se as primeiras diferenças das entradas alternadas (Quadro 4.1).

STATION	INSTRUMENT READING		FILTERED VALUES
0	3		-
		(3+4)=7	-
1	4		
		9	(7-12)=-5
2	5		
		12	-7
3	7		
		16	-8
4	9		
		20	-
5	11		-

Tabela 4.1 Exemplos de derivações matemáticas para o método de filtragem

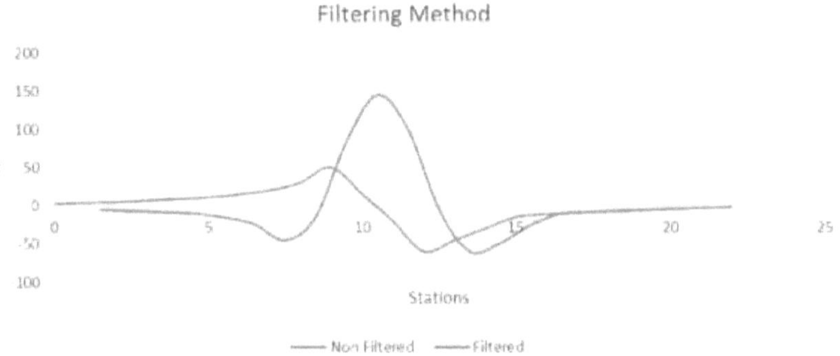

Figura 4.5 Relação entre gráficos filtrados e não filtrados

Foram criadas tabelas separadas para o método de filtragem nos valores de tan θ e de quadratura. Os gráficos de anomalias são analisados com a técnica de filtragem para detetar picos fortes. Foram utilizados dados filtrados e não filtrados para as interpretações. Os gráficos resultantes foram reordenados de acordo com a escala de referência correcta.

4.3.4 Interpretação de dados e análise espacial

A anomalia positiva a negativa é a principal indicação do corpo condutor (Figura 4.6). A uniformidade do gráfico muda à medida que o espaçamento do corpo condutor muda. A polaridade em quadratura é utilizada para localizar zonas condutoras fracas. Normalmente, dá uma variação seguida em fase. A profundidade do corpo alvo é igual à distância entre o pico máximo positivo e negativo ao longo da linha de levantamento. O cálculo da profundidade e do ângulo de mergulho da camada condutora depende mais da homogeneidade das camadas sub-superficiais. Na presença de dois corpos condutores adjacentes, modifica-se a forma da anomalia em cada um deles. Os gráficos utilizados para extrapolar as anomalias (Figura 4.7). Os corpos condutores identificados são cruzados com os dados existentes utilizando mapas de sobreposição.

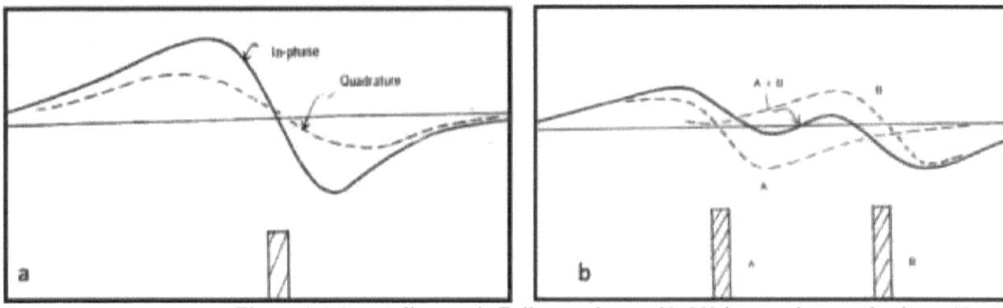

Figura 4.6 Anomalia por a). Folha condutora, b). Vários condutores de chapa (Geonics, 1983)

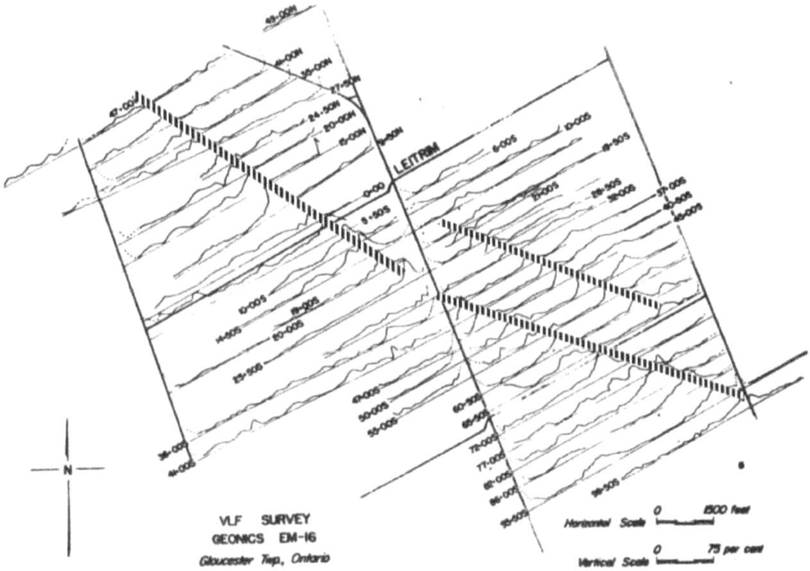

Figura 4.7 Extrapolação da anomalia EM utilizando um conjunto de linhas de levantamento (Geonics, 1983)

A digitalização do mapa foi efectuada utilizando o software ArcGIS 10.1. Os desenhos do AutoCAD foram digitalizados através da criação de ficheiros de forma separados para terrenos, contornos, estradas, edifícios, cursos de água, grelhas de prospeção, aditamentos e veios. O mapa geológico e a secção transversal da área também foram digitalizados para fins de análise espacial. Foi utilizado o sistema de coordenadas projectadas Kandawala para a digitalização. Em seguida, os mapas preparados foram exportados como ficheiros PDF e JPEG de alta qualidade. Os mapas seguintes foram preparados para a análise espacial.

- Mapa topográfico da zona de Rangala
- Grelha de levantamento e mapa de sobreposição topográfica
- Mapa de sobreposição de aditamentos e superfícies
- Geologia e mapa de sobreposição de grelha de prospeção
- Mapa de sobreposição da grelha de prospeção e da fenda
- Secção transversal da mina de Rangala

Em seguida, os mapas foram sobrepostos a gráficos. As anomalias positivas e negativas foram marcadas. A partir de gráficos de anomalias EM não filtrados, as cruzes positivas e negativas indicam a presença de camadas condutoras. Os picos positivos dos gráficos filtrados também são assinalados como camadas condutoras. Ambas as anomalias referem-se ao mesmo corpo condutor. De seguida, as indicações foram extrapoladas com as linhas de pesquisa adjacentes. Cada uma das anomalias de pico foi marcada por formas rectangulares para identificar possíveis ocorrências de grafite (Figura 4.7). Em seguida, as anomalias foram correlacionadas com veios existentes, dados de furos de sondagem e dados estruturais. Mapas digitalizados separados foram sobrepostos durante os estudos espaciais.

No início da análise foram identificadas as anomalias. Em seguida, a possível orientação dos condutores foi marcada ao longo das linhas de levantamento. Em seguida, as extensões laterais das anomalias foram cruzadas com os dados existentes. O padrão regular das anomalias, a correlação dos veios existentes, os dados dos furos de sondagem e os dados geológicos estruturais verificaram a relação clara entre os veios de grafite e as anomalias EM. O fluxograma da atividade é apresentado na figura 4.8.

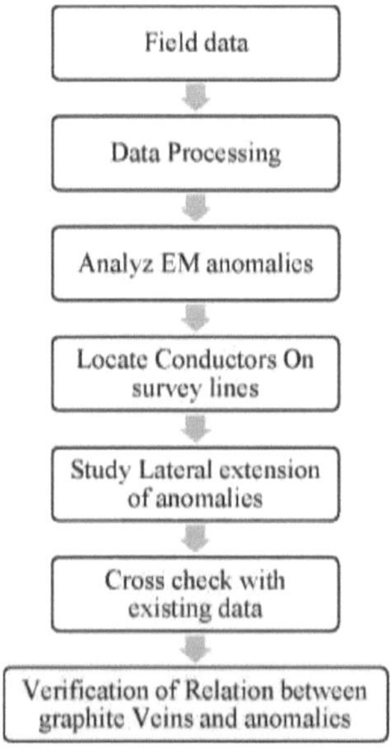

Figura 4.8 Fluxograma de actividades

RESULTADOS E DISCUSSÃO

5.1 LEITURAS DIRECTAS E DADOS FILTRADOS

A configuração de campo das linhas de pesquisa em relação à mina de grafite de Rangala é mostrada na figura 5.2. Um total de 14 linhas de estudo paralelas foram estabelecidas no campo e as leituras foram efectuadas nas linhas a cada 10m de intervalo. Assim, foram efectuadas 222 leituras ao longo das linhas que têm um comprimento total de 2,15 km. As leituras do ângulo de inclinação e da quadratura são apresentadas no apêndice. Após a aplicação de um método de filtragem numérica simples, o conjunto de dados efetivo foi reduzido para 181 pontos de dados. As leituras filtradas do ângulo de inclinação e da quadratura são também apresentadas no apêndice.

5.2 INTERPRETAÇÕES DE ANOMALIAS AO LONGO DAS LINHAS DE INQUÉRITO

Interpretações efectuadas utilizando dados filtrados e não filtrados em relação à distância ao longo de cada perfil. O cruzamento entre positivo e negativo no conjunto de dados não filtrados ou o pico positivo nos gráficos filtrados refere-se ao mesmo corpo condutor. A anomalia produzida por um condutor individual é projectada durante as interpretações. As anomalias projectadas são mostradas por linhas tracejadas em ambos os gráficos filtrados e não filtrados. A faixa sombreada abaixo dos gráficos não filtrados mostra a posição e a inclinação do corpo condutor sub-superficial (Figura 5.1).

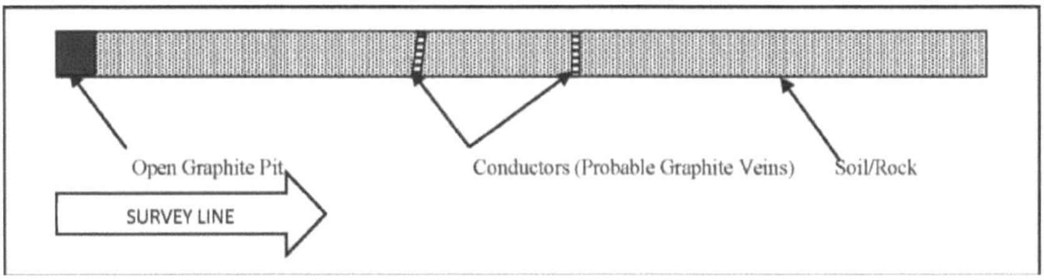

Figura 5.1 Registo litológico ao longo das linhas de estudo

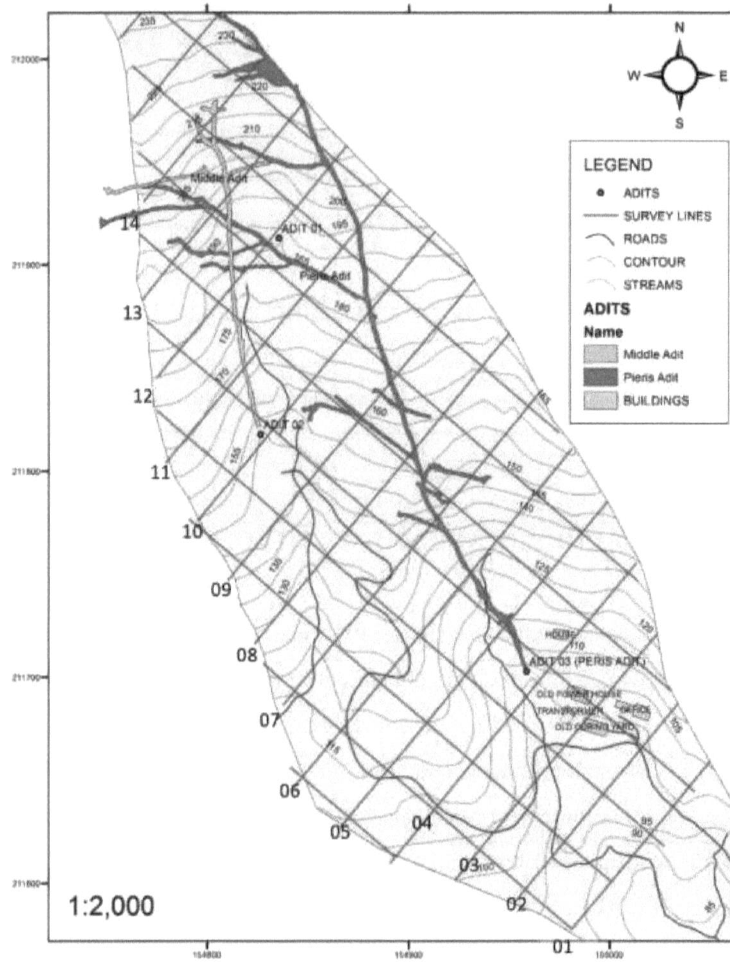

Figura 5.2 Mapa que mostra a disposição das linhas de inquérito na área de Rangala em relação à mina

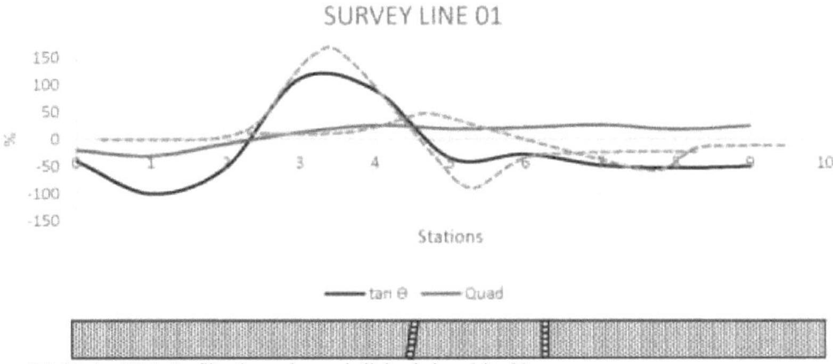

Figure 5.3 Dados VLF não filtrados ao longo da linha de inquérito 01

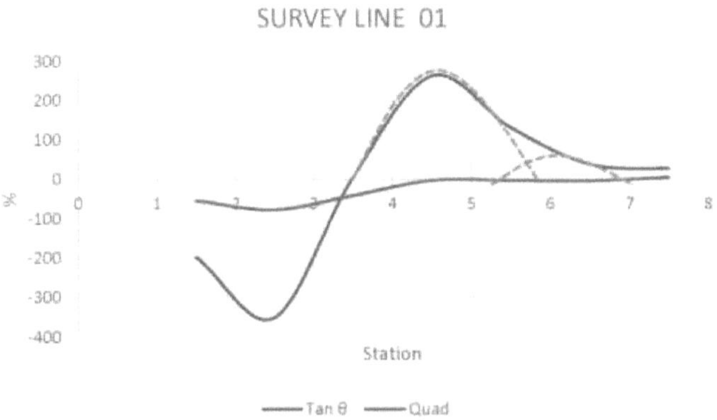

Figure 5.4 Dados VLF filtrados ao longo da linha de inquérito 01

O gráfico dos dados filtrados tem bons picos positivos e negativos. A anomalia produzida pelo primeiro corpo é mais forte do que a do segundo e indica um veio de grafite relativamente maior (Figura 5.3). O segundo pico parece ser afetado pelo primeiro corpo, como indicado na figura 5.4. As anomalias produzidas pelos dois corpos condutores estão separadas por 15 m. A largura da base do primeiro pico é de cerca de 25m e a profundidade indicada para o corpo condutor é de cerca de 12m. Consequentemente, o segundo corpo condutor relativamente pequeno está presente a uma profundidade de cerca de 9m. O gráfico não filtrado indica que o primeiro veio está a mergulhar na direção sudoeste com um ângulo de 70°-80°.

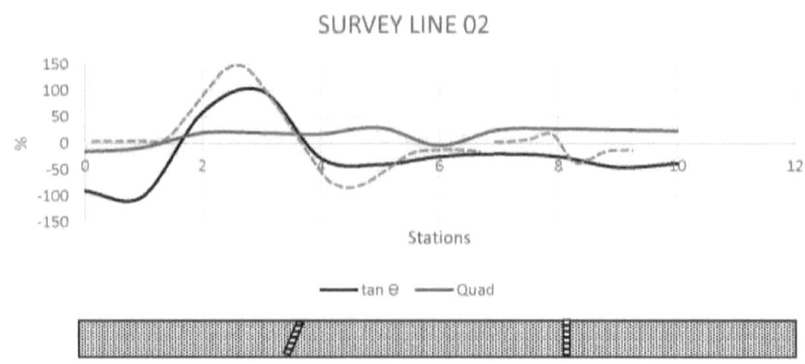

Figure 5.5 Dados VLF não filtrados ao longo da linha de inquérito 02

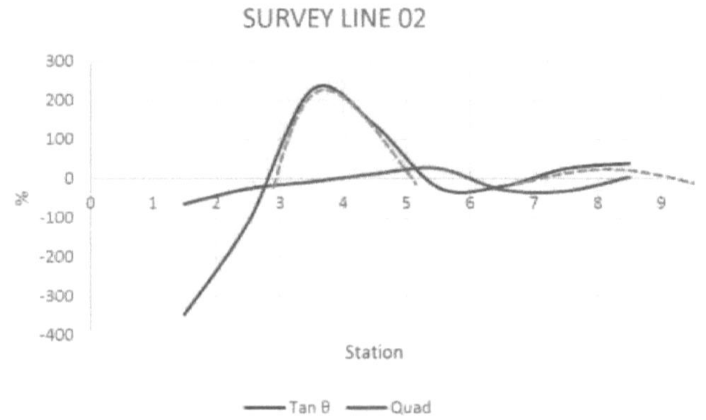

Figure 5.6 Dados VLF filtrados ao longo da linha de inquérito 02

A linha 02 corre paralela à linha 01 em 30m NW. Semelhante ao primeiro corpo condutor, a linha de pesquisa está a 40m e produz uma forte anomalia da leitura em fase e o segundo corpo uma anomalia relativamente fraca a 50m da primeira anomalia (Figura 5.5). A profundidade do primeiro corpo condutor é de cerca de 10m e a profundidade do segundo é de cerca de 7m. De acordo com o gráfico de dados não filtrados, o mergulho da camada condutora é em direção a oeste num ângulo de 70°-80°.

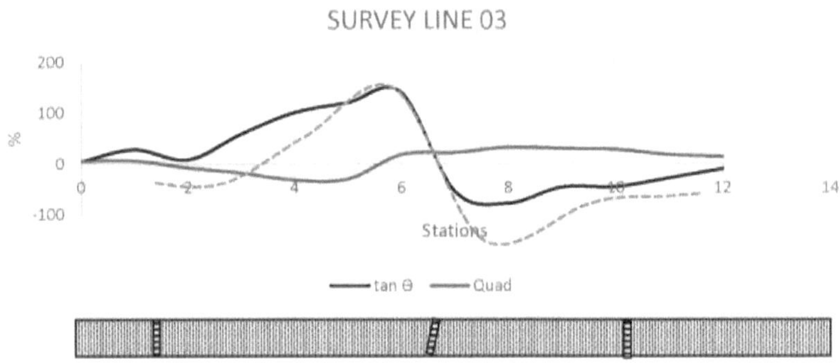

Figure 5.7 Dados VLF não filtrados ao longo da linha de inquérito 03

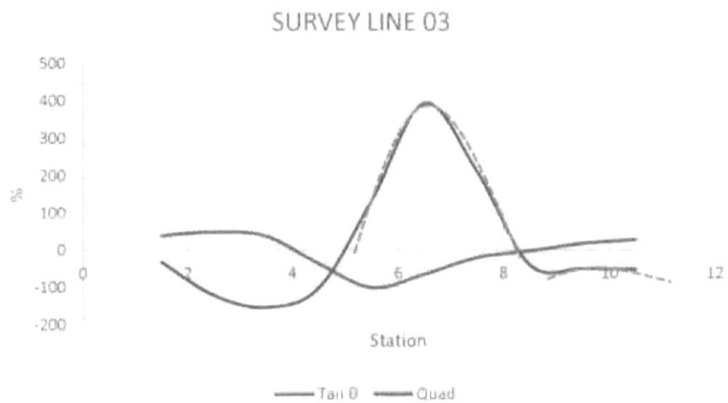

Figure 5.8 Dados VLF filtrados ao longo da linha de inquérito 03

O gráfico de dados indica uma anomalia central forte e duas anomalias fracas em ambos os lados Figura (5.7). A anomalia central está a indicar um corpo condutor a cerca de 15m de profundidade. As outras duas anomalias não são suficientemente claras para determinar a profundidade do condutor. Todos os três condutores parecem ser quase verticais.

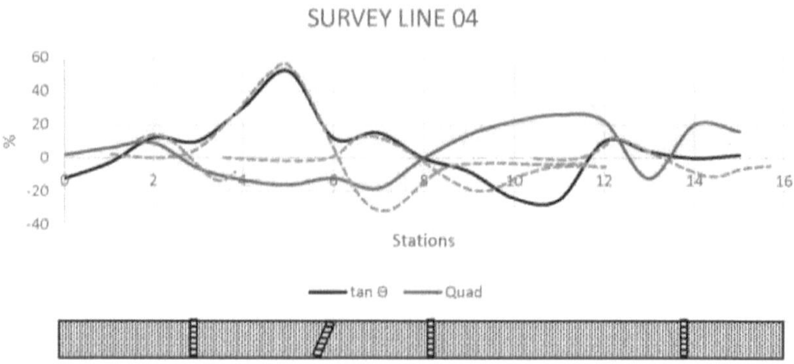

Figure 5.9 Dados VLF não filtrados ao longo da linha de inquérito 04

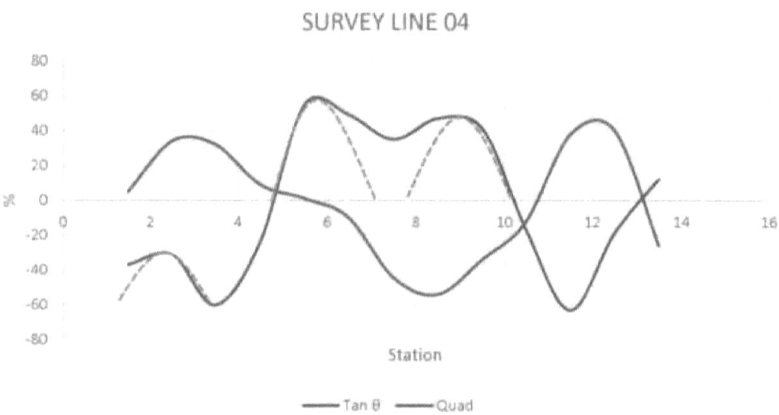

Figure 5.10 Dados VLF filtrados ao longo da linha de inquérito 04

A linha de prospeção 04 mostra múltiplas anomalias indicativas de vários condutores ao longo da linha (Figura 5.9). A profundidade dos condutores varia entre 10 e 7,5 m. A orientação dos condutores é quase vertical, como indicado no gráfico não filtrado.

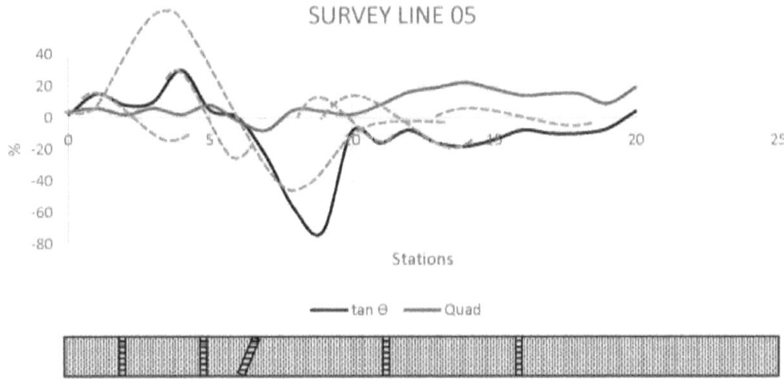

Figure 5.11 Dados VLF não filtrados ao longo da linha de inquérito 05

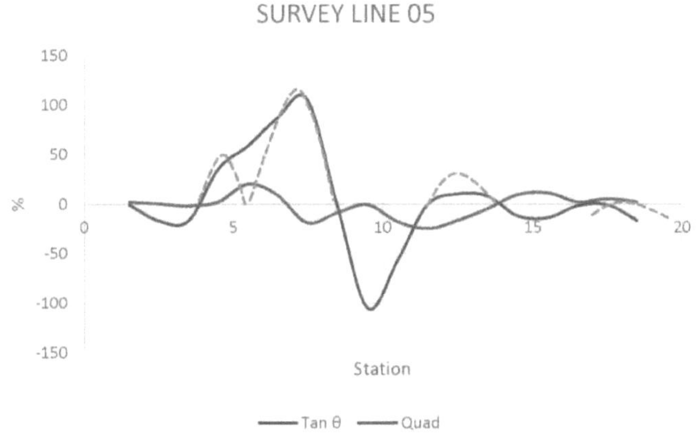

Figure 5.12 Dados VLF filtrados ao longo da linha de inquérito 05

A linha cinco indica a presença de pelo menos cinco condutores na sub-superfície que são quase verticais (Figura 5.11). A profundidade dos condutores é de cerca de 12m.

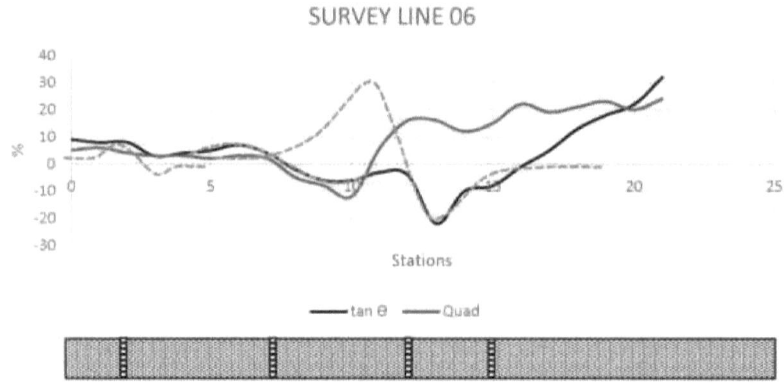

Figure 5.13 dados VLF não filtrados ao longo da linha de inquérito 06

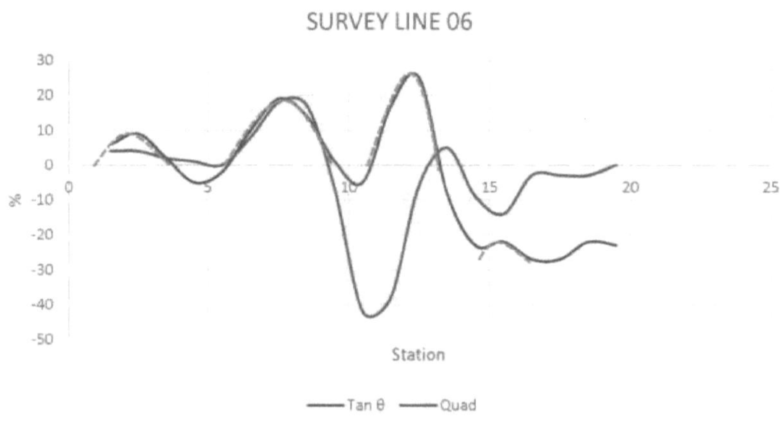

Figure 5.14 Dados VLF filtrados ao longo da linha de inquérito 06

Várias anomalias estão presentes ao longo da linha de pesquisa indicando a presença de condutores verticais entre 10 e 15m de profundidade (Figura 5.13).

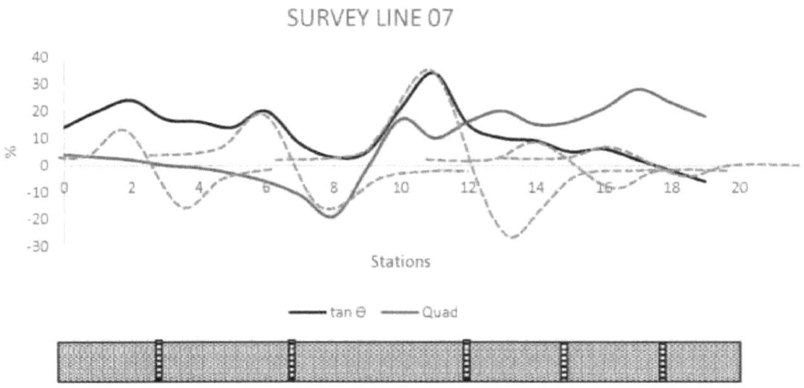

Figure 5.15 Dados VLF não filtrados ao longo da linha de inquérito 07

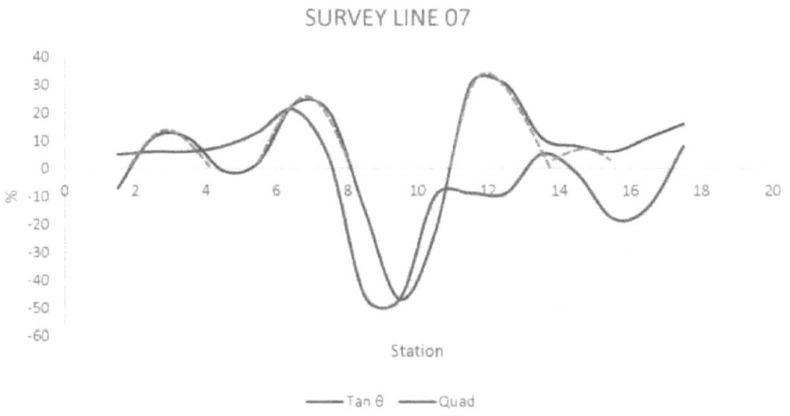

Figura 4.16 Dados VLF filtrados ao longo da linha de inquérito 07

Várias anomalias indicando um grande número de condutores são vistas ao longo da linha de pesquisa 07 (Figura 5.15). Os condutores parecem ser verticais e localizados a cerca de 12-15m de profundidade.

5.2.8 Linha de inquérito 08

Figure 5.17 Dados VLF não filtrados ao longo da linha de inquérito 08

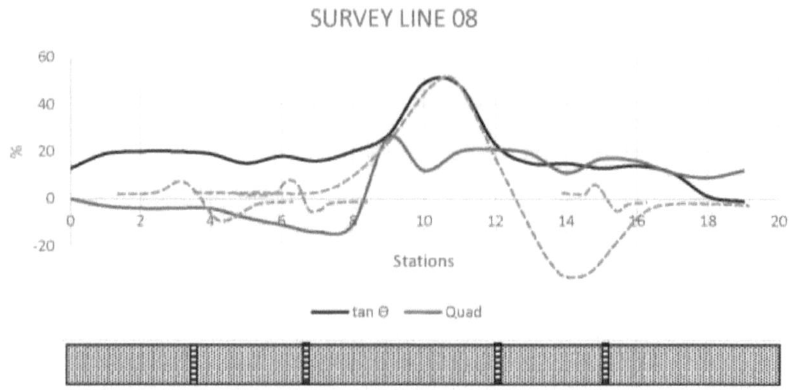

Figure 5.18 Dados VLF filtrados ao longo da linha de inquérito 08

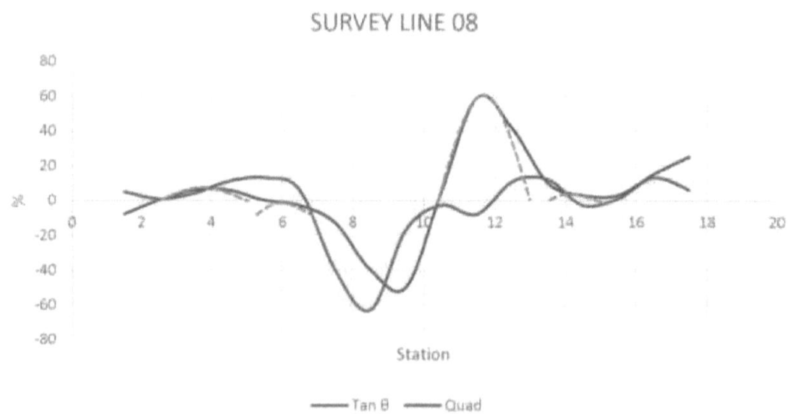

A linha de levantamento corre ao longo de um terreno acidentado e as leituras poderiam ter sido afectadas por mudanças bruscas de elevação. No entanto, existem quatro condutores verticais indicados pelos gráficos de dados (Figura 5.17).

Figure 5.19 Dados VLF não filtrados ao longo da linha de inquérito 09

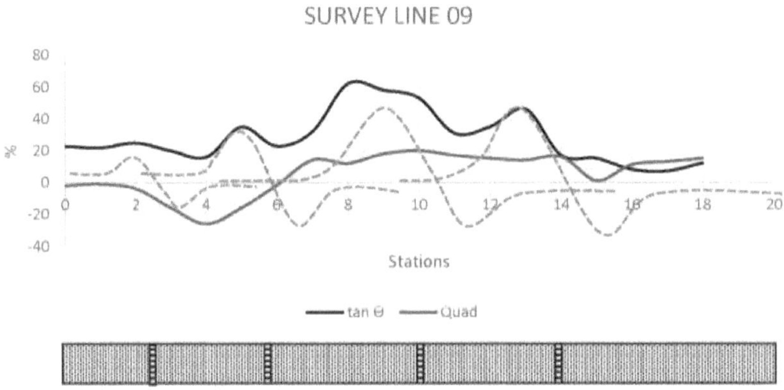

Figure 5.20 Dados VLF filtrados ao longo da linha de inquérito 09

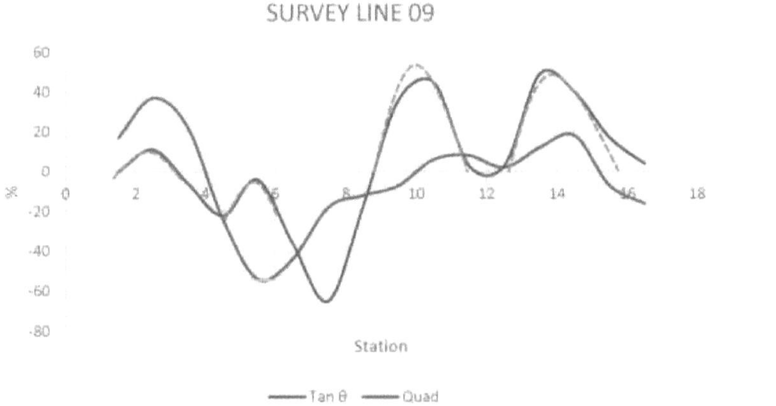

Estão presentes múltiplas anomalias na linha de pesquisa 09 indicando o número de corpos condutores presentes na sub-superfície. De acordo com as anomalias, estas estão localizadas a uma profundidade de cerca de 10m (Figura 5.19).

Figure 5.21 Dados VLF não filtrados ao longo da linha de inquérito 10

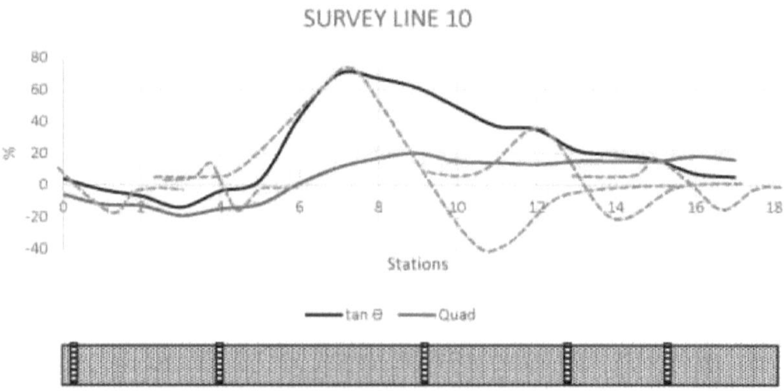

Figure 5.22 Dados VLF filtrados ao longo da linha de inquérito 10

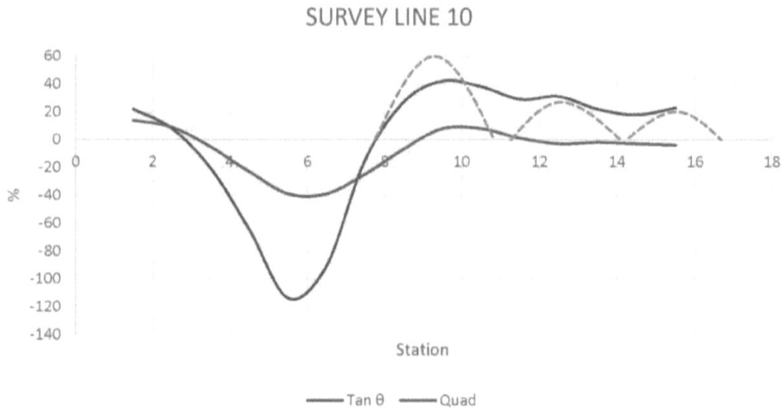

Múltiplas anomalias presentes na linha de estudo 10 indicando um bom número de corpos condutores sub-superficiais (Figura 5.21).

Figure 5.23 Dados VLF não filtrados ao longo da linha de inquérito 11

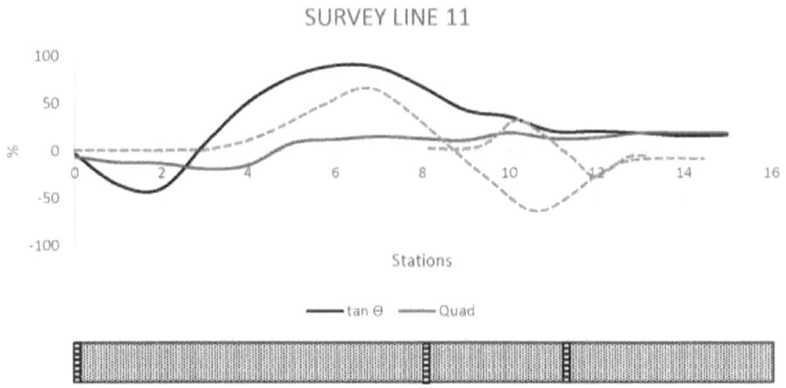

Figure 5.24 dados VLF filtrados ao longo da linha de inquérito 11

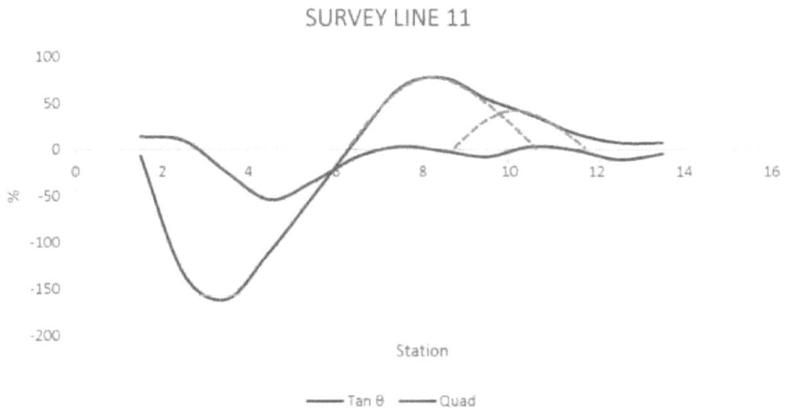

O sinal VLF foi respondido a múltiplos condutores e, por conseguinte, os condutores individuais não são diretamente indicados no gráfico de dados não filtrados juntamente com os dados filtrados. No entanto (Figura 5.23 e Figura 5.24), a presença de pelo menos três condutores torna-se clara.

Figure 5.25 Dados VLF não filtrados ao longo da linha de inquérito 12

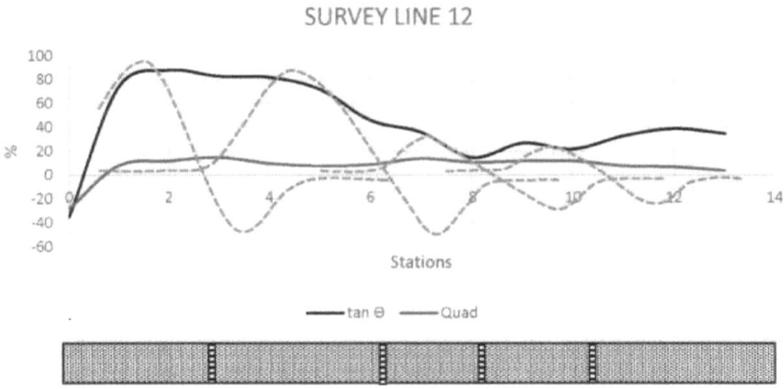

Figure 5.26 Dados VLF filtrados ao longo da linha de inquérito 12

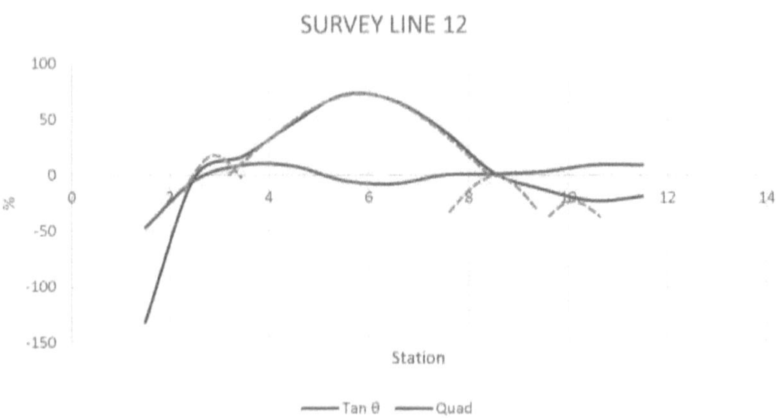

O comportamento e a apresentação das anomalias ao longo da linha de estudo 12 são semelhantes aos da linha 11. Múltiplos condutores são indicados em gráficos (Figura 5.25). As anomalias não são suficientemente claras para interpretações espaciais dos condutores.

Figura 5.27 Dados de VLF não filtrados ao longo da linha de inquérito 13

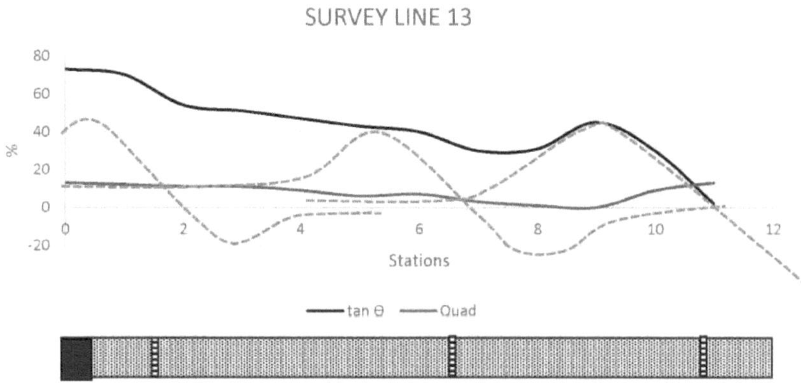

Figure 5.28 Dados VLF filtrados ao longo da linha de inquérito 13

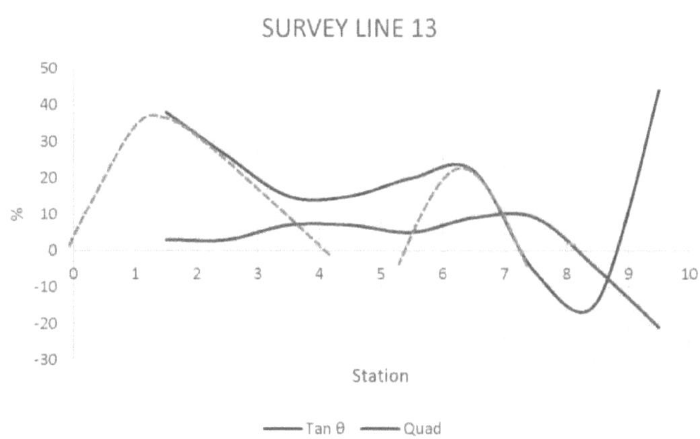

A linha de pesquisa começa num poço de grafite aberto onde a profundidade do poço é de cerca de 5m. O forte positivo nos valores de fase nos inícios correlaciona-se com o poço de grafite (Figura 5.27). Mas os dados não são suficientemente claros para indicar uma anomalia.

Figure 5.29 Dados VLF não filtrados ao longo da linha de inquérito 14

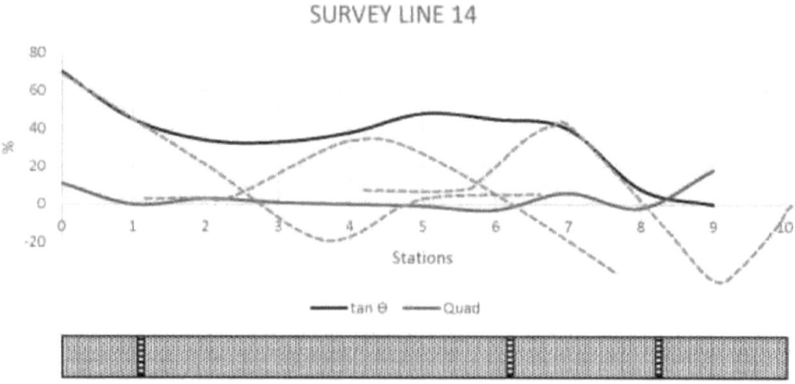

Figure 5.30 Dados VLF filtrados ao longo da linha de inquérito 14

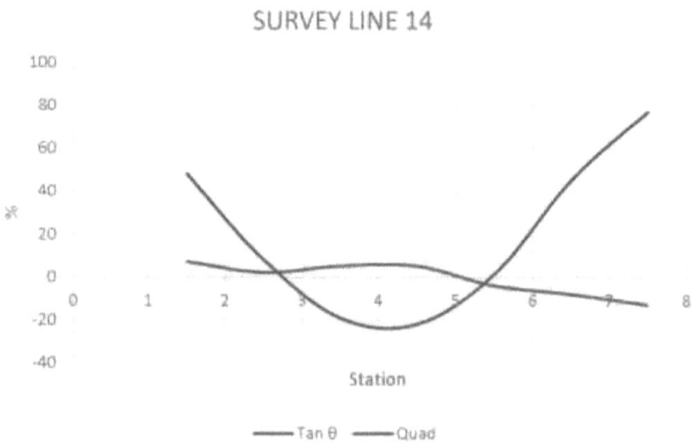

O gráfico de dados ao longo da linha 14 mostra condições semelhantes às da linha 13. Uma forte anomalia positiva sombreia as variações locais do sinal (Figura 5.29). A presença de três condutores prováveis é indicada nos gráficos.

5.3 ZONAÇÃO DE ANOMALIAS E VEIOS PREVISTOS

Os gráficos ao longo das linhas de sondagem mostram uma clara extensão lateral das camadas condutoras. As anomalias que aparecem em cada linha de levantamento estendem-se em direcções prováveis. As parcelas de dados sobrepõem-se ao mapa do terreno (Figura 5.31) e ao mapa de poços existentes utilizado para identificar as extensões das anomalias (Figura 5.41).

As extensões laterais são marcadas por linhas rectangulares em cada mapa de sobreposição. As orientações dos veios existentes e os padrões de fratura são considerados como parâmetros primários que determinam as extensões laterais das anomalias. Foram encontradas e marcadas catorze destas grandes extensões de anomalias.

Há extensões laterais lineares de anomalias que aparecem nas linhas de prospeção paralelas. As anomalias paralelas aparecem entre as linhas de prospeção 1-2, 3-4, 5-6-7, 7-8-9-10-11-12 e 1314 (Figura 5.31). As anomalias paralelas claras são indicadas por letras 'A-J' no mapa de sobreposição de terreno.

Quase todas as extensões laterais têm orientação NW SE. As linhas de prospeção 1 e 2 têm picos paralelos acentuados que se estendem ao longo da direção Noroeste (condutor A, Figura 5.31). O mesmo tipo de picos paralelos acentuados aparecem entre as linhas de sondagem 5-6-7. A maioria das anomalias mostrou uma boa correlação com as linhas de estudo adjacentes.

O maior padrão de anomalia paralela está presente ao longo das linhas de levantamento 7-8-9-10-11- 12 (condutor E, Figura 5.31). A anomalia estende-se por mais de 150m ao longo do terreno. O corpo condutor está direcionado para Noroeste e tem uma inclinação acentuada. No início da anomalia há picos acentuados, depois decaiu gradualmente. Por conseguinte, o corpo condutor apareceu inicialmente como uma camada espessa individual e mais tarde apareceu como um conjunto fino de ramos.

Os condutores têm uma orientação única na direção Noroeste. As zonas anómalas também têm uma disposição quase paralela no terreno. Isto indica uma relação significativa entre as anomalias e as suas extensões laterais, provavelmente ao longo do sistema de juntas.

Existem catorze corpos condutores (possíveis veios de grafite) que podem ser identificados no presente estudo. A extensão lateral das anomalias (comprimento dos veios) varia entre 150m e 20m. Uma vez que a exploração mineira anterior se baseou apenas em três veios principais, o potencial de grafite previsto para o terreno é muito superior ao que já foi explorado.

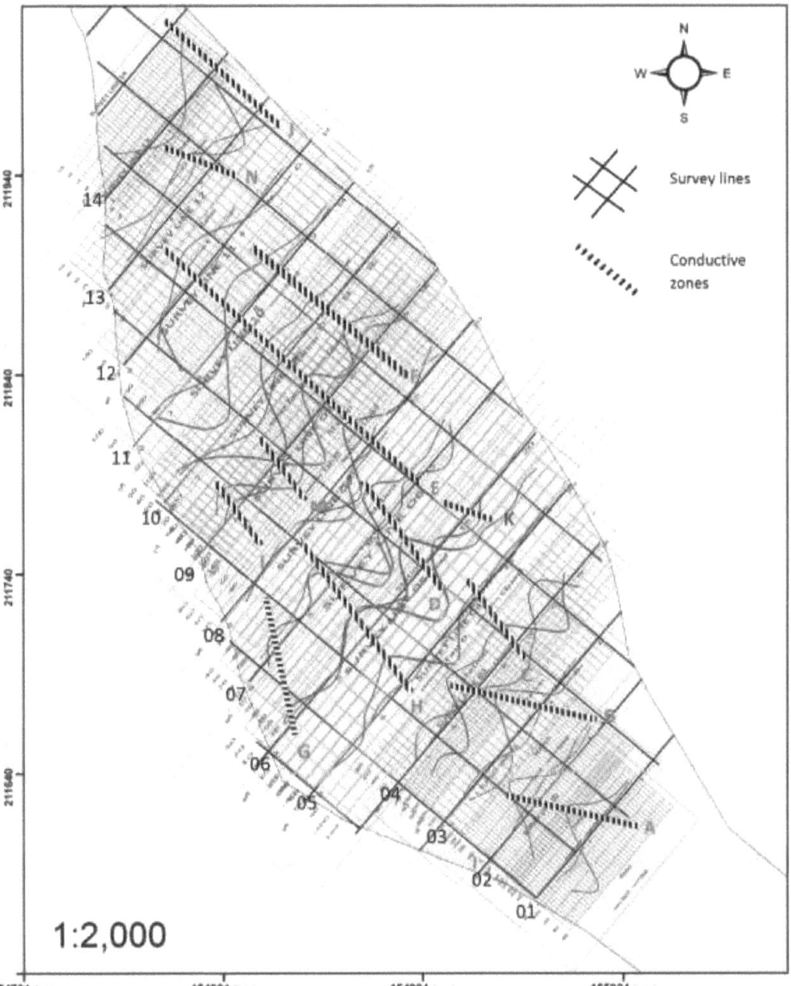

Figura 5.31 Extensão lateral das anomalias (dados filtrados)

5.4 COMPARAÇÃO DAS ANOMALIAS VLF COM OS VEIOS EXISTENTES

A extensão lateral das anomalias mostrou uma boa correlação com os veios existentes (já comprovados). Os veios de grafite existentes têm uma orientação Noroeste com uma inclinação acentuada. A extensão da anomalia mostrada por "E" tem uma sobreposição exacta com a parte esquerda do "veio de Kithsiri

(Figura 5.32). A escavação dos "veios de Kithsiri" foi efectuada ao longo de 50m de distância e a anomalia estende-se no topo do veio ao longo de 150m de distância. Isto indica uma relação direta entre a formação de veios de grafite e as anomalias EM.

A extensão da anomalia indicada por 'F' tem uma orientação quase paralela com 'Max Vein' (Figura 5.32). No início, o veio tem um ligeiro desvio das anomalias mas, mais tarde, sobrepõe-se perfeitamente às anomalias.

Na parte norte, as anomalias são produzidas por grupos de veios. Essas indicações também coincidem bem com o comportamento de agrupamento de veios na parte norte da mina. A maior parte destes filões não apresenta grandes extensões laterais. De acordo com os dados dos furos de sondagem na parte norte da mina, os filões ocorrem em grupos, como quase indicado nas anomalias EM. Há uma fraca anomalia isolada presente ao longo da linha de pesquisa 07 (Condutor K, Figura 5.32). A indicação sobrepõe-se exatamente com o veio de grafite de 86,36 cm de espessura detectado ao longo do furo de sondagem RDH 12 (Figura 5.34). A perfuração foi efectuada ao longo da 'veia Kithsiri' e tem tendência N15°E, mergulho 13° e comprimento 35m (Figura 5.33).

Os diagramas de Ross do mapa geológico subterrâneo indicam que os veios de grafite têm orientação nas direcções Este-Oeste e Noroeste. As extensões lineares das anomalias de VLF também estão orientadas na direção Noroeste com um mergulho acentuado. As anomalias EM também se correlacionam bem com a orientação dos filões de grafite mostrada por Dinalankara (1988).

Embora o terreno seja acidentado com uma diferença de elevação de 100m entre os limites SE e NW, as anomalias têm uma orientação sistemática em vez de aleatória. O efeito das linhas eléctricas nas anomalias VLF foi quase indetetável. Uma vez que o terreno é constituído por um vale, esperava-se um campo secundário significativo devido à sobrecarga condutora e às fracturas de água. Mas de acordo com os padrões de anomalias não existem tais relações entre as anomalias VLF e estas fracturas.

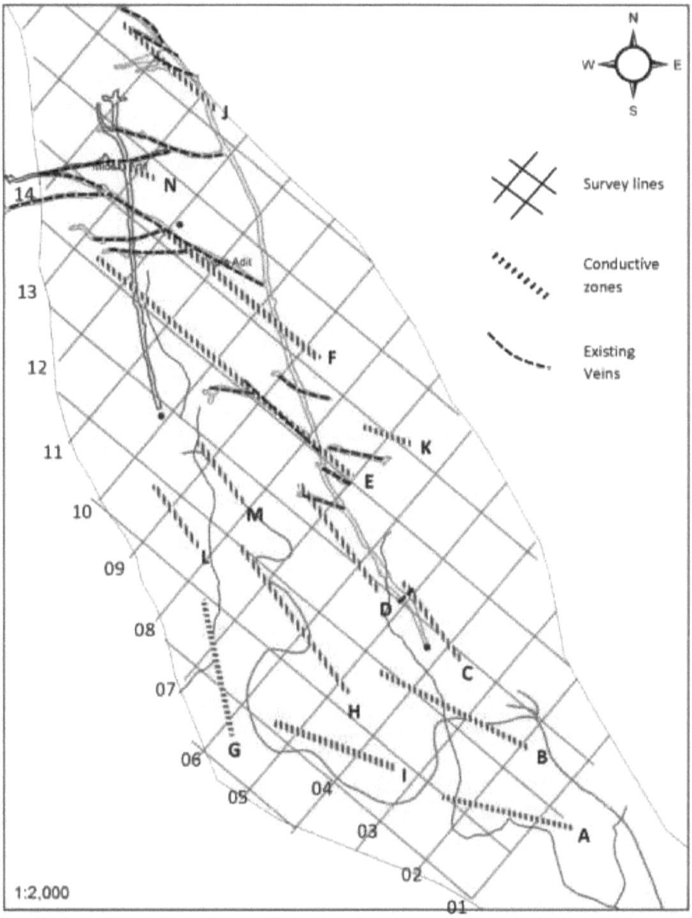

Figura 5.32 Zonação da grafite e veios existentes (linhas tracejadas vermelhas e pretas)

Antigos depósitos de grafite na área são outros corpos condutores artificiais que foram encontrados durante o levantamento. As anomalias VLF mostram ligeiras flutuações aleatórias perto desses locais. O método de pesquisa mostra um nível de deteção limitado na presença de aglomerados finos ou veias. As anomalias individuais destes não são claras em ambos os gráficos de dados filtrados e não filtrados.

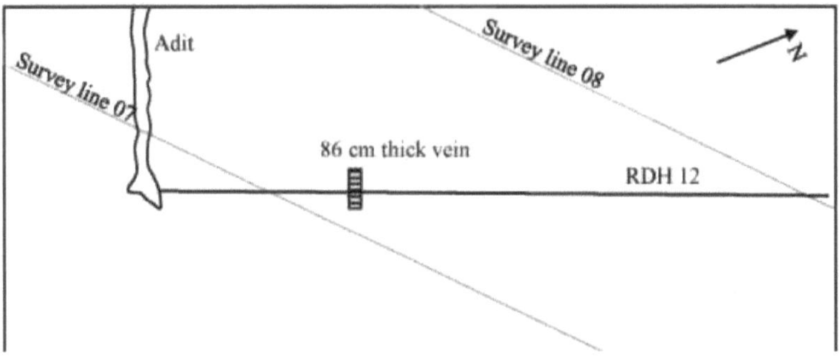

Figura 5.33 Orientação do furo de sondagem-RDH 12

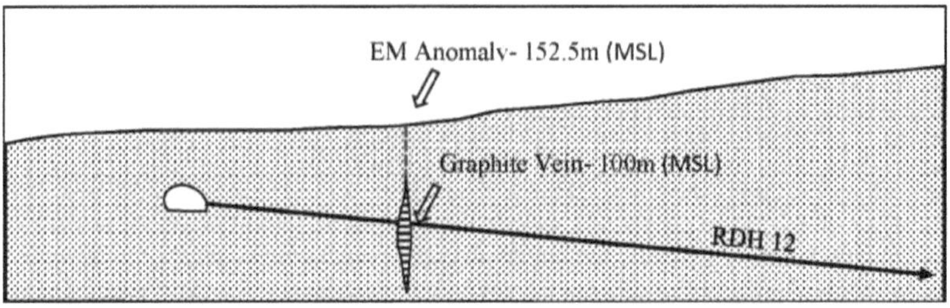

Figura 5.34 Correlação da anomalia EM na linha de prospeção 07 e dados de furos de sondagem (RDH 12)

CONCLUSÕES E RECOMENDAÇÕES

O presente estudo realizado em Rangala revelou que os levantamentos electromagnéticos VLF podem ser utilizados de forma muito eficaz na prospeção de grafite do tipo veio em terrenos de rocha cristalina.

As anomalias de VLF indicam uma correlação muito significativa com os veios de grafite já localizados, conformando assim as outras anomalias representam veios de grafite ainda não descobertos.

Com o método VLF, foi possível localizar pelo menos 14 veios de grafite na área investigada em torno da mina de grafite de Rangala.

Recomenda-se que, antes de qualquer operação mineira, se verifique a presença de veios de grafite que tenham sido detectados como corpos condutores durante o presente estudo.

A perfuração exploratória é proposta como um método de verificação na parte sul do terreno para confirmar a presença de veios.

A expansão da área do estudo pode ser útil na deteção de mais veios de grafite na área circundante.

Dois furos horizontais, como indicado na figura 5.1 e como indicado abaixo,

Furo de sondagem 1- Coordenadas - (154982.00E, 211699.00N), rumo-175°, inclinação- (-20°)

Furo de sondagem 2- Coordenadas - (154932.00E, 211745.00N), rumo-230°, horizontal-(na aditância inferior)

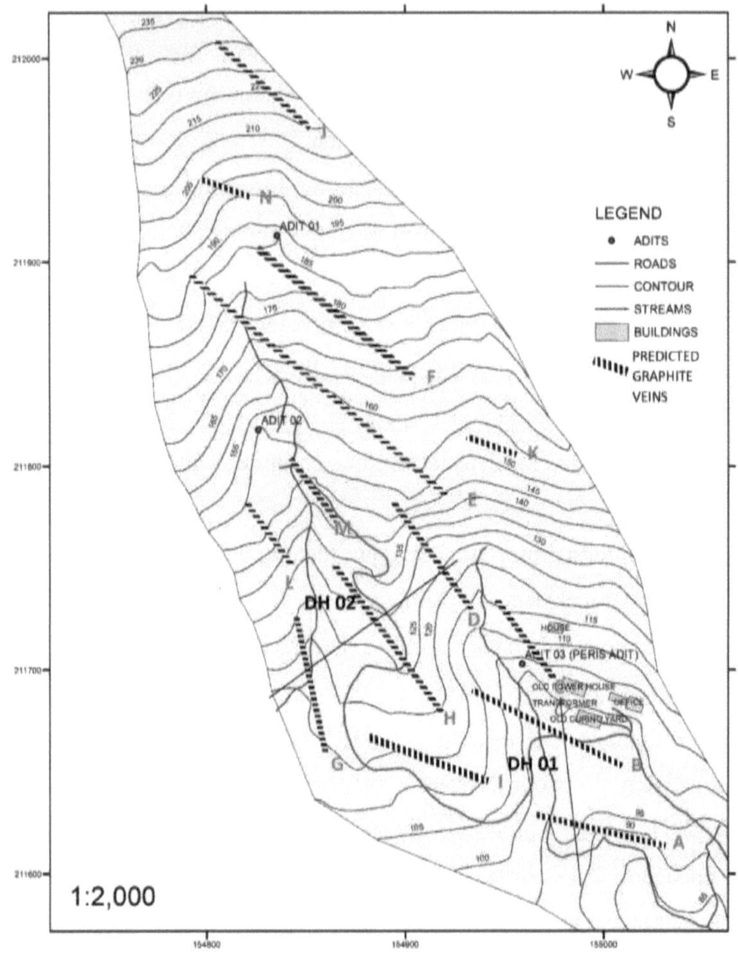

Figura 6.1 Veios de grafite previstos e furos de perfuração propostos

APÊNDICES

Apêndice 1: Dados das linhas de inquérito

Linha de inquérito 01				Linha de inquérito 01 (Filtrada)		
Estação	tan θ	Quad	Observações	Estação	Tan θ	Quad
0	-40	-20	Perto de uma propriedade de chá	1.5	-198	-54
1	-100	-31	-	2.5	-352	-77
2	-52	-9	3 m acima da linha atual	3.5	3	-41
3	110	12	2 m acima da ribeira	4.5	263	-3
4	90	25	Inclinação de 30° e enchimento de grafite	5.5	131	-3
5	-35	19	Enchimento rochoso com grafite	6.5	38	-4
6	-28	21	Enchimento rochoso com grafite	7.5	275	
7	-48	26	Enchimento rochoso com grafite		-	--
8	-53	18	Perto da estrada de acesso		-	--
9	-50	24	-		-	--

Quadro 5.1 Leituras ao longo da linha de inquérito 01

Linha de inquérito 02				Linha de inquérito 02 (Filtrada)		
Estação	tan θ	Quad	Observações	Estação	Tan θ	Quad
0	-90	-16	Na propriedade de chá	1.5	-348	-64
1	-100	-8	Linha atual 3m acima	2.5	-114	-26
2	58	20	Corrente acima de 1m	3.5	226	-8
3	100	20	Enchimento rochoso com grafite	4.5	137	12
4	-28	18	Enchimento rochoso com grafite	5.5	-23	26
5	-40	30	Enchimento rochoso com grafite	6.5	-20	-28
6	-25	-4	Enchimento rochoso com grafite	7.5	25	-32
7	-20	26	-	8.5	38	4
8	-25	28	Enchimento rochoso com grafite		-	--
9	-45	26	Perto de terrenos planos		-	--
10	-38	24	Perto de terrenos planos		-	--

Quadro 5.2 Leituras ao longo da linha de inquérito 02

Linha de inquérito 03				Linha de inquérito 03 (Filtrada)		
Estação	tan θ	Quad	Observações	Estação	Tan θ	Quad
0	5	6	-	1.5	-33	38
1	28	6	-	2.5	-122	48
2	8	-8	-	3.5	-154	36
3	58	-18	-	4.5	-102	-38
4	100	-32	10° de inclinação à frente	5.5	134	-102
5	120	-30	Linha atual 3m à frente	6.5	392	-66
6	140	18	Perto do riacho e da linha de corrente	7.5	210	-22
7	-54	22	Chão plano	8.5	-41	-4
8	-78	32	No pátio antigo	9.5	-51	16
9	-46	30	Transformador 5m à esquerda	10.5	-53	26
10	-45	28	-	-		--
11	-28	18	-	-		--
12	-10	14	-	-		--

Quadro 5.3 Leituras ao longo da linha de inquérito 03

Linha de inquérito 04				Linha de inquérito 04 (Filtrada)		
Estação	tan θ	Quad	Observações	Estação	Tan θ	Quad
0	-12	2	-	1.5	-37	5
1	-3	6	Chão plano	2.5	-31	34
2	12	9	Chão plano	3.5	-60	32
3	10	-6	15° de inclinação SE	4.5	-24	9
4	30	-13	15° de inclinação SE	5.5	55	1
5	52	-16	15° de inclinação SE	6.5	49	-10
6	12	-12	15° de inclinação SE	7.5	35	-44
7	15	-18	Frente de faixa metálica e corrente	8.5	47	-54
8	0	0	Riacho e caminho de ferro 1m à frente	9.5	41	-34
9	-8	14	Enchimento rochoso com grafite	10.5	-17	-12
10	-24	22	-	11.5	-63	38
11	-25	26	Casa próxima	12.5	-19	40
12	10	22	-	13.5		12-26
13	4	-12	Colúvio	-		--
14	0	20	Colúvio	-		--
15	2	16	-	-		--

Quadro 5.4 Leituras ao longo da linha de inquérito 04

Linha de inquérito 05				Linha de inquérito 05 (Filtrada)		
Estação	tan θ	Quad	Observações	Estação	Tan θ	Quad
0	2	4	Colúvio	1.5	-1	2
1	15	6	Colúvio	2.5	-17	0
2	8	2	Colúvio	3.5	-17	-2
3	10	6	-	4.5	35	2
4	30	2	Chão plano	5.5	59	20
5	5	8	Chão plano	6.5	87	9
6	0	-2	-	7.5	106	-19
7	-24	-8	-	8.5	-1	-9
8	-58	5	-	9.5	-105	-1
9	-72	4	-	10.5	-57	-18
10	-9	2	-	11.5	-1	-25
11	-16	8	Perto de um riacho	12.5	10	-17
12	-8	16	-	13.5	8	-5
13	-16	19	Interior da mina a céu aberto	14.5	-12	9
14	-18	22	5° de inclinação ao longo da linha	15.5	-14	11
15	-14	18	-	16.5	-2	2
16	-8	14	Colúvio	17.5	-1	5
17	-10	15	Colúvio	18.5	-17	2
18	-10	15	-	-		--
19	-7	9	-	-		--
20	4	19	-	-		--

Quadro 5.5 Leituras ao longo da linha de inquérito 05

Linha de inquérito 06				Linha de inquérito 06 (Filtrada)		
Estação	tan θ	Quad	Observações	Estação	Tan θ	Quad
0	9	5	Colúvio e terreno plano	1.5	6	4
1	8	6	Colúvio e terreno plano	2.5	9	4
2	8	4	Colúvio e terreno plano	3.5	2	2
3	3	3	Estrada próxima	4.5	-5	1
4	4	3	Chão plano	5.5	-2	0
5	5	2	-	6.5	10	8
6	7	3	Estrada próxima	7.5	19	18
7	4	2	Chão plano	8.5	14	17
8	-2	-5	Na estrada	9.5	1	-7
9	-6	-8	Talude com pedregulhos	10.5	-5	-42
10	-6	-12	Talude com pedregulhos	11.5	17	-38
11	-3	6	Talude com pedregulhos	12.5	25	-6
12	-4	16	-	13.5	-8	5
13	-22	16	Riacho 1m acima	14.5	-23	-9
14	-10	12	-	15.5	-22	-14
15	-8	15	-	16.5	-27	-3
16	-1	22	Os pequenos fragmentos de rocha contêm	17.5	-27	-3
17	5	19	Leito rochoso	18.5	-22	-3
18	13	21	Área elevada	19.5	-23	0
19	18	23	Área elevada	-	-	-
20	22	20	Área elevada	-	-	-
21	32	24	Colúvio	-	-	-

Quadro 5.6 Leituras ao longo da linha de inquérito 06

Linha de inquérito 07				Linha de inquérito 07 (Filtrada)		
Estação	tan θ	Quad	Observações	Estação	Tan θ	Quad
0	14	4	Corrente acima de 2m	1.5	-7	5
1	20	3	Córrego paralelo à linha de levantamento	2.5	11	6
2	24	2	Pedregulhos presentes	3.5	11	6
3	17	0	-	4.5	-1	8
4	16	-1	-	5.5	2	13
5	14	-3	Chão plano	6.5	23	21
6	20	-6	Atrás da estrada	7.5	20	3
7	8	-11	-	8.5	-15	-46
8	3	-19	Na estrada	9.5	-47	-47
9	5	-1	Na estrada	10.5	-23	-10
10	21	17	20° de inclinação a SE	11.5	30	-9
11	34	10	Vale e 20° de inclinação SE	12.5	30	-9
12	15	16	Vale e 20° de inclinação SE	13.5	11	5
13	10	20	-	14.5	8	-2
14	9	15	Margem direita do riacho	15.5	6	-18
15	5	16	Em direto	16.5	11	-14
16	6	21	Área saturada de água	17.5	16	8
17	2	28	20° de inclinação SW	-	-	-
18	-2	23	20° de inclinação SW	-	-	-
19	-6	18	-	-	-	-

Linha de inquérito 08				Linha de inquérito 08 (Filtrada)		
Estação	tan θ	Quad	Observações	Estação	Tan θ	Quad
0	13	0	No limite do terreno	1.5	-8	5
1	19	-3	Terreno quase plano	2.5	0	1
2	20	-4	-	3.5	6	4
3	20	-4	-	4.5	6	11
4	19	-4	Enchimento rochoso com grafite	5.5	0	13
5	15	-8	Enchimento rochoso com grafite	6.5	-3	6
6	18	-11	-	7.5	-13	-40
7	16	-14	Estrada próxima	8.5	-40	-63
8	20	-11	Enchimento rochoso com grafite	9.5	-50	-17
9	27	26	Enchimento rochoso com grafite	10.5	5	-3
10	49	12	Pequeno vale	11.5	59	-8
11	48	20	Pequeno vale	12.5	41	11
12	23	21	Chão plano	13.5	10	12
13	15	19	Chão plano	14.5	3	-3
14	15	11	Chão plano	15.5	3	1
15	13	17	Chão plano	16.5	15	13
16	14	16	Chão plano	17.5	25	6
17	11	11	Chão plano	-	-	-
18	1	9	Pedregulhos 4-6m	-	-	-
19	-1	12	Pedregulhos 4-6m	-	-	-

		Linha de inquérito 09		Linha de inquérito 09 (Filtrada)		
Estação	tan θ	Quad	Observações	Estação	Tan θ	Quad
0	23	-2	No limite do terreno	1.5	0	17
1	22	-1	10° de inclinação a SE	2.5	11	37
2	25	-4	Chão plano	3.5	-6	22
3	20	-16	Enchimento rochoso com grafite	4.5	-22	-24
4	16	-26	Enchimento rochoso com grafite	5.5	-4	-54
5	35	-16	Enchimento rochoso com grafite	6.5	-36	-44
6	23	-2	Enchimento rochoso com grafite	7.5	-65	-18
7	32	14	Enchimento rochoso com grafite	8.5	-17	-12
8	62	12	Enchimento rochoso com grafite	9.5	36	-7
9	58	18	30° de inclinação a SW	10.5	45	6
10	53	20	Chão plano	11.5	3	8
11	31	17	-	12.5	3	2
12	35	15	-	13.5	49	12
13	46	14	-	14.5	40	18
14	17	16	-	15.5	17	-7
15	15	1	Pedregulhos e declive 10°SW	16.5	4	-16
16	8	11	Pedregulhos e declive 10°SW	-	-	-
17	7	13	Pedregulhos presentes	-	-	-
18	12	15	-	-	-	-

	Linha de inquérito 10			Linha de inquérito 10 (Filtrada)		
Estação	tan θ	Quad	Observações	Estação	Tan θ	Quad
0	4	-6	Declive 35° SE	1.5	22	14
1	-3	-12	Declive 35° SE	2.5	8	9
2	-7	-13	Inclinação 30° SE	3.5	-20	-5
3	-14	-19	Declive 45° SE 20m acima da aditância	4.5	-64	-23
4	-4	-15	Enchimento rochoso com grafite	5.5	-114	-39
5	3	-12	Enchimento rochoso com grafite	6.5	-91	-39
6	43	1	Enchimento rochoso com grafite	7.5	-15	-25
7	70	11	Pequeno vale em direção a SE	8.5	27	-7
8	67	17	Pequeno vale do lado esquerdo	9.5	42	8
9	61	20	Pequeno vale do lado esquerdo	10.5	38	8
10	49	15	Inclinação de 80° a SW	11.5	29	1
11	37	14	Inclinação de 10° a SW	12.5	31	-3
12	35	13	-	13.5	22	-2
13	22	15	Inclinação de 30° a SW	14.5	18	-3
14	19	15	Inclinação de 80° a SW	15.5	23	-4
15	16	15	Pedregulhos 2-10m	-	-	-
16	7	18	Pedregulhos 5-6m	-	-	-
17	5	16	Pedregulhos 5-6m	-	-	-

Quadro 5.10 Leituras ao longo da linha de inquérito 10

Linha de inquérito 11				Linha de inquérito 11 (Filtrada)		
Estação	tan θ	Quad	Observações	Estação	Tan θ	Quad
0	-3	-6	20° de inclinação a SE	1.5	-7	14
1	-36	-12	20° de inclinação a SE	2.5	-135	9
2	-40	-13	20° de inclinação a SE	3.5	-161	-25
3	8	-19	40° de inclinação a SE	4.5	-109	-54
4	51	-15	40° de inclinação a SE	5.5	-49	-34
5	78	8	5m Acima da escavação intermédia	6.5	12	-8
6	90	12	-	7.5	67	3
7	88	15	-	8.5	77	-2
8	68	13	Enchimento rochoso com grafite	9.5	54	-8
9	43	11	Enchimento rochoso com grafite	10.5	37	3
10	36	19	Enchimento rochoso com grafite	11.5	17	-1
11	21	13	Pedregulhos 5-8m	12.5	7	-11
12	21	14	Pedregulhos 2-3m	13.5	7	-5
13	19	19	Pedregulhos 2-3m		--	-
14	16	19	Pedregulhos e vegetação alta		--	-
15	17	19	Pedregulhos e vegetação alta		--	-

Quadro 5.11 Leituras ao longo da linha de inquérito 11

Linha de inquérito 12				Linha de inquérito 12 (Filtrada)		
Estação	tan θ	Quad	Observações	Estação	Tan θ	Quad
0	-35	-28	10° de inclinação a SE	1.5	-132	-47
1	74	8	10° de inclinação a SE	2.5	-3	-5
2	88	12	Enchimento rochoso com grafite	3.5	17	9
3	83	15	Enchimento rochoso com grafite	4.5	47	8
4	82	10	Enchimento rochoso com grafite	5.5	72	-5
5	72	8	Enchimento rochoso com grafite	6.5	67	-8
6	46	9	Enchimento rochoso com grafite	7.5	40	0
7	36	14	10 m da entrada superior	8.5	2	1
8	15	11	Em frente da conduta superior	9.5	-13	3
9	27	12	Acima da conduta superior	10.5	-23	9
10	22	12	Pedregulhos presentes	11.5	-19	9
11	33	8	Pedregulhos presentes	-	-	-
12	39	7	Pedregulhos presentes	-	-	-
13	35	4	Pedregulhos presentes	-	-	-

Quadro 5.12 Leituras ao longo da linha de inquérito 12

	Linha de inquérito 13			Linha de inquérito 13 (Filtrada)		
Estação	tan θ	Quad	Observações	Estação	Tan θ	Quad
0	73	13	Atrás do poço de grafite	1.5	38	3
1	70	12	No poço de grafite	2.5	26	3
2	54	11	-	3.5	15	7
3	51	11	20° de inclinação para SE	4.5	15	7
4	47	9	20° de inclinação para SE	5.5	20	5
5	43	6	30° de inclinação para SE	6.5	22	9
6	40	7	20° de inclinação para SE e vale	7.5	-6	9
7	30	3	20° de inclinação para SE e vale	8.5	-14	-5
8	31	1	Colúvio, declive 35° SE	9.5	44	-21
9	45	0	Colúvio, declive 35° SE	-		--
10	30	9	Colúvio	-		--
11	2	13	Colúvio	-		--

Quadro 5.13 Leituras ao longo da linha de inquérito 13

Linha de inquérito 14				Linha de inquérito 14 (Filtrada)		
Estação	tan θ	Quad	Observações	Estação	Tan θ	Quad
0	70	11	Na vedação	1.5	48	7
1	45	0	10° de inclinação para SE	2.5	8	2
2	34	3	10° de inclinação para SE	3.5	-19	5
3	33	1	Colúvio	4.5	-22	5
4	38	0	Colúvio	5.5	1	-4
5	48	-1	Colúvio	6.5	45	-8
6	45	-3	Colúvio	7.5	77	-13
7	40	6	Colúvio	-	-	-
8	8	-2	-	-	-	-
9	0	18	-	-	-	-

Quadro 5.14 Leituras ao longo da linha de inquérito 14

Apêndice 2: Números

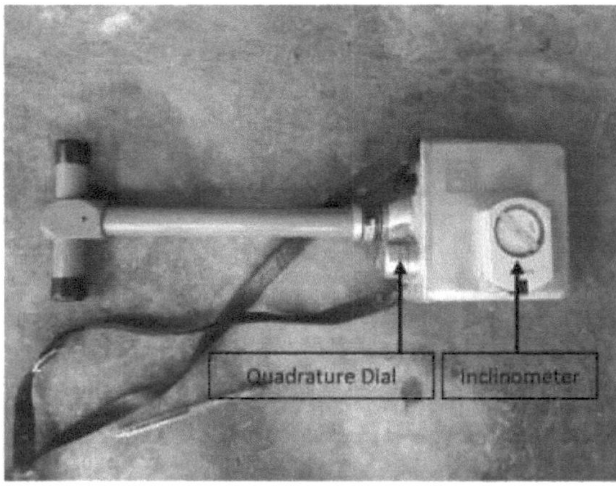

Figura 4.2 Vista lateral do instrumento VLF EM-16

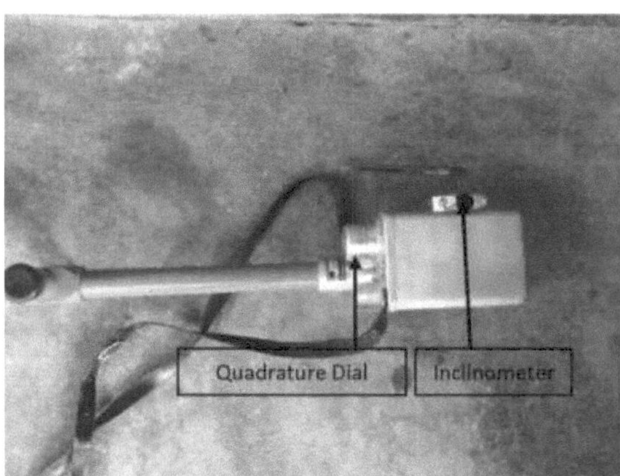

Figura 4.3 Vista frontal do instrumento VLF EM-16

Figura 4.4 Efetuar leituras utilizando VLF EM-16

REFERÊNCIA

Abbas, A.M., Khalil, M.A., Massoud, U., Monterio Santos, F., Mesbah, H.A., Lethy, A., Soliman, M. e Ragab, E.S.A. (2012). A implementação do levantamento geofísico multitarefa para localizar o túmulo de Cleópatra em Tap-Osiris Magna, Borg El- Arab, Alexandria, Egito "Fase II". *Jornal de Geofísica Astronómica* **1**, 1-11.

Al-Tarazi, E., Abu Rajab, J., Al-Naqa, A., El-Waheidi, M. (2008). Deteção de plumas de lixiviados e poluição das águas subterrâneas no aterro municipal de Ruseifa utilizando o método VLF-EM. *Journal of Applied Geophysics* **65**, 121-131.

Bayrak, M. e §enel, L. (2012). Imagens bidimensionais de resistividade na área de boro de Kestelek por métodos de resistividade VLF e DC. *Journal of Applied Geophysics* **82**, 1-10.

Berger, A.R. e Jayasingha, N.R. (1976). Estrutura e cronologia pré-cambrianas na série de terras altas do Sri Lanka. *Precambrian research* **3**, 559-576.

Dinalankara, D.M.S.K. (1988). A configuração geológica de alguns dos principais depósitos de grafite do Sri Lanka. *Jornal da sociedade geológica do Sri Lanka* **1**, 18-25.

Dinalankara, D.M.S.K. (1990). Depósitos de grafite estruturalmente controlados do Sri Lanka. *Jornal da Sociedade Geológica do Sri Lanka* **3**, 26-32.

Dissanayake, C.B. (1981). A origem da grafite do Sri Lanka. *Geoquímica Orgânica* **3**, 1-7.

Dissanayake, C.B., Gunawardena, R.P. e Dinalankara, D.M.S.K. (1988). Trace elements in vein graphite of Sri Lanka. *Chemical Geology* **68**, 121-128.

Erdosh, G. (1970). Geologia da mina de Bogala, Ceilão e a origem da grafite do tipo veia. *Mineral Deposita* **5**, 375-382.

Fraser, D.C. 1969. Contorno de dados VLF-EM. *Geofísica* **34**, 958-967.

Gürer, A., Bayrak, M. e Gürer, O.F. (2009). Um estudo VLF utilizando fenómenos de captação de corrente para traçar falhas enterradas na zona de falha de Fethiye-Burdur, Turquia. *Journal of Applied Geophysics* **68**, 437-447.

Hapuarachchi, D.J.A.C. (1977). Reacções de descarbonatação e a origem da grafite de veios no Sri Lanka. *Jornal do Conselho Nacional de Ciência do Sri Lanka* **5**, 29-32.

Katz, M.B. (1987). Depósitos de grafite do Sri Lanka: uma consequência do metamorfismo de fácies granulito. *Mineral Deposita* **22**, 18-25.

Kehelpannala, K.V.W. (1995). Origin of vein graphite: another view. *Manual de geologia e recursos minerais do Sri Lanka Dahanayake, K. (Ed.)*. 95-104.

Manual de instruções do EM16 VLF-EM. (1983). *Geonics Limited*, Mississauga, Ontário.

Paterson, N.R e Ronka, V. (1971). Cinco anos de levantamentos com o método VLF - E.M.. *Geo exploration* **9**, 645-656.

Sharma, S.P., Anbarasu, K., Gupta, S. e Sengupta, A. (2010). EM integrado de muito baixa frequência, resistividade eléctrica e estudos geológicos sobre o deslizamento de terras de Lanta Khola, Sikkim do Norte, Índia. *Landslides* **7**, 43-53.

Silva, K. K. M. W. (1974). Controlo tectónico da mineralização de grafite no Sri Lanka. *Revista Geologia* **3**, 307-312.

Telford, W.M., King, W.F. e Becker, A. (1976). Mapeamento VLF de estruturas geológicas. *Geological survey paper* 76-25.

Wijayananada, N.P. e Jayawardena, D.E.S. (1983). Some aspects of the geology of graphite mineralization in Sri Lanka, with particular reference to Kahatagaha-Kolongaha area. Trans. *Applied earth science* **92**, 93-98.

MIX
Papier aus verantwortungsvollen Quellen
Paper from responsible sources
FSC® C105338

Printed by Books on Demand GmbH, Norderstedt / Germany